舒適耐穿的設計款孩童服

運用鈕釦・抽繩・鬆緊帶・褶子・袖口布來調整尺寸

美濃羽まゆみ

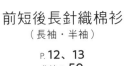

哈倫褲

吊帶褲

抽繩長版上衣

腰部細褶連身裙

斗篷

無領外套

運動衫&運動褲

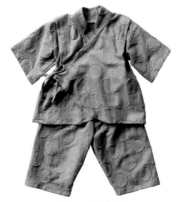

甚平風套裝

肩褶設計罩衫
P. 38
作法 P. 46

哈倫褲
P. 38
作法 P. 60

無領外套
P. 39
作法 P. 42
（附圖片作法解說）

前交叉背心
P. 39
作法 P. 54

本書使用布料與穿著尺寸　P. 5

縫製須知　P. 40

LESSON　一起來作無領外套　P. 42

尺寸的選擇在 P. 40

模特兒

83 cm
P. 17、P. 25

108 cm
P. 7、P. 23、
P. 29

107 cm
P. 11、P. 21、
P. 27

119 cm
P. 11、P. 33

125 cm
P. 7、P. 29

95 cm
P. 17、P. 25

105 cm
P. 15、P. 31

105 cm
P. 19、P. 33、
P. 37

122 cm
P. 21

本書使用布料與穿著尺寸

介紹書中作品使用的布料，列出製造商與商品名稱（2019年11月），讓讀者可以買到相同的布，
至於各作品的適用布料、模特兒的身高與穿著尺寸，則是提供製作時的參考。

※非本書作品的穿搭品項不在此列。

作品名	使用布料　※（　）內的是顏色	製造商	作品適用布料	模特兒身高與穿著尺寸
P.6 肩褶設計罩衫	粗棉麻布（米白）	fabric bird	A	左童　125cm　穿著M尺寸的調整款 右童　108cm　穿著M尺寸 （下身／110cm哈倫褲）
P.8 開襟襯衫	棉麻條紋粗（藍色）	fabric bird	A	M尺寸
P.10 氣球型罩衫	緹花條紋泡泡布（紅色）	LINNET	A	左童　119cm　穿著M尺寸的調整款 （下身／130cm哈倫褲） 右童　107cm　穿著M尺寸 （下身／110cm哈倫褲）
P.12 前短後長針織棉衫（長袖）	針織天竺棉		D	展示的是M尺寸
P.13 前短後長針織棉衫（半袖）	C&S星星圖案天竺棉（灰底有白色星星）	CHECK&STRIPE		
P.14 小矮人尖頂帽T	粗挽天竺棉		D	105cm　穿著M尺寸 （下身／110cm哈倫褲）
P.16 前交叉背心	男童／亞麻斜紋布（薰衣草灰）	CHECK&STRIPE	B	男童　95cm　穿著S尺寸 女童　83cm　穿著S尺寸
	女童／人字紋羊毛亞麻			
P.18 打褶褲	亞麻天然染色布（湖水灰）	布もよう	B	105cm　穿著110cm （上身／S尺寸小矮人尖頂帽T）
P.20 燈籠褲	水洗比利時亞麻 （男童／生成色、女童／芥末色）	生地の森	A	男童　122cm　穿著130cm （上身／M尺寸半袖前短後長針織棉衫） 女童　107cm　穿著110cm （上身／S尺寸無袖肩褶設計罩衫）
P.22 哈倫褲	C&S絲光卡其布（生成色）	CHECK&STRIPE	B	108cm　穿著110cm
P.24 吊帶褲	雙層紗布日曬風加工 （男童／碳色、女童／灰色）	pres-de	B	男童　95cm　穿著100cm 女童　83cm　穿著100cm （上身／S尺寸無袖肩褶設計罩衫）
P.26 抽繩長版上衣	亞麻格紋110-3	LINNET	A	107cm　穿著M尺寸 （下身／110cm哈倫褲）
P.28 腰部細褶連身裙	亞麻3線條紋布（灰色）	LINNET	A	左童　125cm　穿著M尺寸的調整款 右童　108cm　穿著M尺寸
P.30 斗篷	棉尼龍人字紋（山棕色）	生地の森	B	105cm　穿著M尺寸 （下身／110cm哈倫褲）
P.32 無領外套	C&S天然棉HOLIDAY（藍色）	CHECK&STRIPE	B	男童　105cm　穿著M尺寸 （下身／110cm哈倫褲） 女童　119cm　穿著M尺寸 （內搭／110cm腰部細褶連身裙）
P.34 運動衫	背面毛圈針織布、羅紋針織布		C	M尺寸
P.34 運動褲	背面毛圈針織布、羅紋針織布			
P.36 甚平風套裝	大圓點凹凸緹花布（灰色）	pres-de	E	105cm　穿著M尺寸

A	平紋精梳棉布、平織布、高密度平織布、細棉布、亞麻、棉布（薄至中厚）、牛津布、珠地網眼布、極細燈芯絨、紗布、viyella、巴里紗
B	中厚亞麻、中厚棉布、棉麻帆布、絲光卡其布、防雨防水布、中厚帆布、高密度平織布、斜紋布、燈芯絨、平絨、伸縮天竺（低伸縮性）、羊毛
C	背面毛圈針織布、緹花針織、圈圈紗針織、壓棉針織
D	針織天竺棉、fraise、span fraise（一律為中伸縮性）
E	水洗布、皺綢、楊柳紗、波紋布、泡泡布、雙層紗布、亞麻（薄至中厚）

肩褶設計罩衫

在肩部加上寬褶襇設計，
如同浴衣的肩褶，可伴隨成長調整袖長。
下襬也留長一點用來調整總長。
以喜歡顏色的手縫裝飾線，也能為作品增添色彩。

| How To Make | P. **46** |

　　　　　　　　　　　　　布料提供／fabric bird　穿搭品項／右童P.22哈倫褲（不同布料）

長大了，就拆除肩膀與下襬的縫線（左），看起來更簡潔俐落。

將衣身加長成連身裙也很可愛。
作法和無袖變化款一起在P.79中說明。

開襟襯衫

| How To Make | P. **76** |

布料提供／fabric bird　穿搭品項／左頁P.22 哈倫褲

使用無彈性布料製作的短罩衫，就像襯衫與開襟衫的混合款。
作法簡單，卻打造出輕型夾克或外套般的整齊優雅感。
只在袖子加上同塊布的內裡，即使反摺仍不失整齊感，也可當襯衫單穿。

氣球型罩衫

領圍、袖口與下襬都穿入鬆緊帶，可依成長調整尺寸。
鬆緊帶下襬可束緊反摺至內側，或是拿掉鬆緊帶散開呈A字。
頸部的鬆緊帶，建議在孩子還小時，可稍微拉緊一點。

| How To Make | P. 48 |

布料提供／LINNET　穿搭品項／P.22 哈倫褲（不同布料）

伴隨成長，可放鬆頸部與袖口的鬆緊帶，下襬就算抽出鬆緊帶，穿起來也一樣可愛。

前短後長針織棉衫（長袖・半袖）

How To Make | P. 50

布料提供／右頁 CHECK&STRIPE　穿搭品項／左頁P.20 燈籠褲

簡單的V領T恤。因為是V領設計，領圍不另加開口也好穿脫。

寬鬆的衣身與稍長的後襬，可穿著經年。

袖子設計成之後接縫或拆下都容易的作法。

小矮人尖頂帽 T

具休閒感又好活動的蝙蝠袖剪裁，
袖子的寬鬆讓穿脫更容易，再以袖口布縮口，
小時候可以反摺，長大再翻回正面，就能穿著更長時間了！
宛如小矮人帽的尖頂連帽只需表裡縫合，作法更簡單。

| How To Make | P. 52 |

穿搭品項／P.22 哈倫褲

前交叉背心

將前衣身交叉，帶點趣味性的背心。
交叉設計，一套上便不易滑落，
所以不縫鈕釦固定也OK。
後衣身裝上一個小口袋，好逗趣！
前後面都可以當成正面來穿著。

| How To Make | P. **54** |

打褶褲

使用釦眼鬆緊帶來放大或縮小腰圍，
前側的鈕釦位置也能調整尺寸。
褲襬稍寬，可摺高一點，享受七分褲的穿著樂趣。

| How To Make | P. 56 |

燈籠褲

寬大蓬鬆的輪廓，格外能突顯孩子的可愛。

重點在褲腰使用雙層鬆緊帶，較小時穿成高腰褲也不用擔心滑落。

褲襬也有鬆緊帶，尺寸稍大也不會拖地。

不用裝設口袋，所以輕鬆就能完成囉！

| How To Make | P. **58** |

　　　　　布料提供／生地の森　穿搭品項／女童P.6 肩褶罩衫（無袖款）、男童P.12 前短後長針織棉衫（半袖）

將褲管往上一捲
就變身燈籠褲了，超可愛的！

哈倫褲

寬大的橫襠朝褲襬漸漸變窄。

股上較深，運用前後側褶子使褲腰顯得簡潔，在剪裁上也不馬虎。

不可思議的是，無論較大尺寸或是合身尺寸，穿起來都會很可愛喔！

請使用涼爽布或暖和布料多作幾件吧！

How To Make	P. **60**

布料提供／CHECK&STRIPE

吊帶褲

這條吊帶褲的特色在於略呈圓形的輪廓線條。
胸片與褲子交界的隱形口袋、
固定交叉肩帶的三角壓線等，
處處可見設計細節。
肩帶的打結方式可以調整長度，能夠穿著的時間就更長了。

How To Make	P. 62

小時候厚鼓鼓的背影很可愛，
大了穿起來則是變鬆，有型好看。

抽繩長版上衣

直線裁剪，不需要紙型就能製作的長版上衣。
以肩褶來調整衣服寬度，
腰部的抽繩拉緊打結，也能拉長或縮短衣長。
若使用羊毛或起毛布來製作，季節寒冷時可用來保暖。

| How To Make | P. 64 |

布料提供／LINNET　穿搭品項／P.22 哈倫褲（布料不同）

背後的開口以鈕釦固定，調整大小。

27

腰部細褶連身裙

和P.6的罩衫一樣，以肩褶來調整袖長。

這款連身裙的前後衣身相連，作起來更輕鬆。

裙子的腰間加上褶襉，讓長度可以調整。

衣身與袖襱採用寬鬆設計，長高後還可當長版上衣穿。

| How To Make | P. **66** |

布料提供／LINNET

長大以後可以拆開肩與腰的褶子，若是高個子也能當成長版上衣來穿。

斗篷

覺得寒冷時，能快速披上保暖的斗篷，是衣櫃裡必備的單品。
改用撥水加工布還能當成雨衣喔！
孩子還小時，可將袖子部分摺入內側以釦絆固定，調整袖圍。

| How To Make | P. **68** |

布料提供／生地の森　穿搭品項／P.22 哈倫褲（不同布料）

無領外套

真正附內裡的外套。採用翻轉技法加上內裡，
縫份不會露出表側，可以縫得簡潔工整。
因為內裡的袖子較短，即使袖口反摺一大褶，也不會露出內裡。
口袋如果使用配布可當重點裝飾，相當可愛喔！

| How To Make | P. 42（附圖片作法解說） |

布料提供／CHECK&STRIPE　穿搭品項／男童P.22 哈倫褲、女童P.28 腰部細褶連身裙

小時候當成寬鬆外套，袖子也反摺起來。

長大長高後，穿起來像夾克。袖長還是趕得上成長速度。

亮眼的肘部補丁，兼具設計感與耐用度。

寬版的羅紋布褲腰，還能替腹部保暖。

運動衫&運動褲

加長袖口、下襬與褲腰的羅紋布，

長大了還是可以穿得下的成套運動服。

領口的 V 字壓線三角布片，可展現復古風。伸縮性提升了，也更好穿脫。

肘部補丁和口袋使用相同的布，打造出統一感。

How To Make　　P. **70**

甚平風套裝

嘗試縫製立領領口與弧線衣襬的個性化甚平風套裝。

加上肩褶的設計，應該可以穿上兩至三季。褲子的前後褲片相連，作法相對簡單。

炎熱的夏天就穿上它愉快地度過吧！

How To Make	P. 73

布料提供／Pres-de

新穎的立領領口。

親子裝（大人款）

肩褶設計罩衫

大人款不需要調節長度的肩褶，
但可以將它當成設計重點加以保留。
不論是以素面布或圖案布來製作，
都讓人好想擁有！

| How To Make | P. 46 |

布料提供／fabric bird

哈倫褲

比照兒童款，
同樣講究輪廓剪裁。
穿起來寬鬆舒適，
看起來流暢俐落的褲子。
大人款則在褲腰帶添加褲耳。

| How To Make | P. 60 |

布料提供／CHECK&STRIPE

無領外套

若打算在寒冷季節穿著，可選用稍厚布料。
但內裡請使用薄布。

| How To Make | P. **42** |

布料提供／CHECK&STRIPE

前交叉背心

袖子一穿進去，
就變成穿搭主角的背心。
是搭配褲子或裙子都適合的便利單品。

| How To Make | P. **54** |

縫製須知

布料準備

請參考P.5列出的各作品適用布料來準備。

剛買來的布，因為布紋歪斜或洗後會縮水，在裁剪前要先下水重整布紋。

但特殊材料請在購買時事先確認作法。

下水

1 將布摺成Z字摺，浸泡在充分的水中約1小時。

2 用手輕輕擰乾，整理紋路，再掛至陰涼處直到半乾。

※若是針織布，為避免延展，改用手輕輕按壓，平放至乾。

布（背面）

重新整理布紋

將布紋整理成直角狀，以熨斗沿著布紋熨燙。

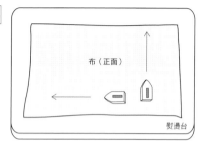

布（正面）

熨燙台

針與線的關係

縫紉機車針是消耗品

車針約縫製2至3件衣服後，針尖就會變鈍，影響作品的完成度，還是要勤於更換。

布料種類	薄布 （細棉布、巴里紗等）	普通布 （粗棉布、牛津布等）	厚布 （羊毛等）
針	9號	11號	13號
線	90號	60號	30號

針織布的縫製

具伸縮性的針織布，為避免綻線，請使用針織專用的車縫線與圓針尖車針。

簡單算出需要多長的布

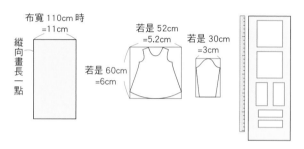

布寬 110cm 時
=11cm

縱向畫長一點

若是 52cm
=5.2cm

若是 30cm
=3cm

若是 60cm
=6cm

1 在紙上標出1/10布寬的四個角，連成框。

2 測量紙型的最長與最寬尺寸，標出$\frac{1}{10}$大的四個角，連成框。

3 將2的必要張數配置於1的框內。測量縱向的長度，乘上10再加上各部件的縫份，大致就是所需布長。

※如果要拼接圖案則不在此範圍。

紙型內的記號

布紋線
直布紋的方向

摺雙
布對摺，
將褶線對齊此線
（變成左右對稱的形狀）

貼邊線
貼邊的位置

完成線
作品的
完成尺寸

褶襉
從斜線高處
往低處摺布

合印
對接其他部件
的記號

尺寸的選擇

在本書中，上身為S（85至105）、M（105至125）、L（125至145），下身是90至105。舉例來說，身高100cm的孩童，挑選S尺寸穿起來大致剛好，M尺寸雖然稍大，但擁有兩種尺寸的穿著趣味。請隨喜好選擇。

兒童　上身

	S	M	L
胸圍	50〜56	56〜64	64〜72
腰圍	44〜50	50〜54	54〜58
臀圍	52〜60	60〜70	70〜80
身高	85〜105	105〜125	125〜145

紙型的作法

複寫紙型

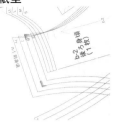

1 使用螢光筆，在要複寫的紙型邊角作記號。

2 將描圖紙（裁縫用牛皮紙等）疊至紙型上，確認尺寸，複寫線條。

3 記號等也要一併複寫。

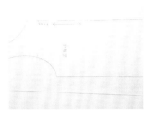

4 複寫完畢。

加上縫份

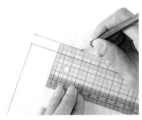

1 縫份的尺寸請參照裁布圖。使用方格尺會很方便。

2 曲線部分，一邊以直角測量縫份的寬度，一邊加上印記。

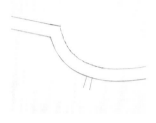

3 以曲線尺將**2**所作的印記整齊的連成線。

4 沿線條裁剪。

黏著襯燙貼方式

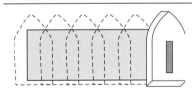

一旦黏著面出現縫隙，襯就會從此處剝離。在燙貼時熨斗要重疊按壓，不要有縫隙。而在完全冷卻之前也不要碰觸。

開釦眼

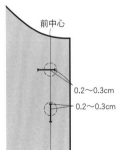

前中心

0.2～0.3cm
0.2～0.3cm

在紙型的縫上鈕釦位置作記號。
從記號向右（或向上）0.2至0.3cm處開始製作釦眼。

厚度
直徑

★＝直徑＋厚度

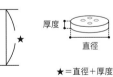

②插上珠針，避免切口剪過頭。
③切口
①Z字形車縫。

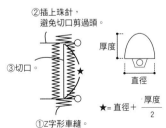

厚度
直徑

$★＝直徑＋\dfrac{厚度}{2}$

兒童　下身							
	90	100	110	120	130	140	150
身高	85～95	95～105	105～115	115～125	125～135	135～145	145～155
腰圍	46	48	50	52	54	56	58
臀圍	53	57	60	65	70	75	80

大人				
	S	M	L	LL
身高	153～160		160～165	
胸圍	79	83	87	91
腰圍	63	67	71	75
臀圍	86	90	94	98

LESSON
一起來作無領外套 Photo P.32

完成尺寸（S/M/L）
胸圍　88/94/100cm
衣長　39.5/52/63.5cm

材料
・C&S天然棉HOLIDAY（藍色）
　　寬110cm×130/150/180cm
・素面平織布　寬110cm×85/100/120cm
・直徑2.5cm鈕釦　4顆
・直徑1cm鈕釦（作為力釦）　4顆
・黏著襯　30×20cm
※口袋改用配布，更清楚易懂。
※大人款的完成尺寸、材料與裁布圖參見P.79。

原寸紙型C面【10】
1-前衣身、2-前貼邊、
3-後衣身、4-後貼邊、
5-袖子、6-口袋
※前衣身與後衣身的裡布
取法參見原寸紙型。

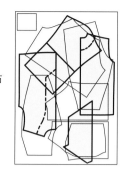

裁布圖

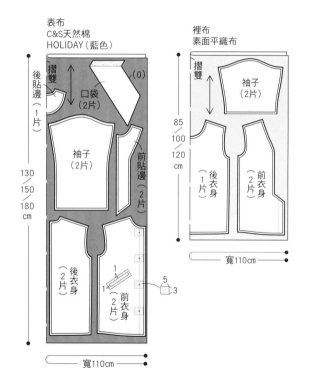

表布
C&S天然棉
HOLIDAY（藍色）

摺雙

後貼邊（1片）
口袋（2片）(0)
袖子（2片）
前貼邊（2片）
後衣身（2片）
前衣身（2片）
130/150/180 cm
1
5 3
寬110cm

裡布
素面平織布

摺雙
袖子（2片）
85/100/120 cm
後衣身（1片）
前衣身（2片）
寬110cm

※上起為 S/M/L
※除了（　）內指定的數字外，縫份皆為1cm。
※▨▨ 需於背面燙貼黏著襯。

準備作業

於前衣身的口袋口與縫上鈕釦位
置的背面燙貼黏著襯。

右口袋（背面）　左口袋（背面）

於口袋貼邊部分的背面燙貼黏著
襯。

1 接縫口袋

口袋口
右口袋（背面）

1 依完成線摺疊口袋口。

右前衣身（背面）

2 於前衣身的口袋口中間剪切口，頭
尾剪成Y字。

3 切口摺向背側，以熨斗沿完成線壓燙。

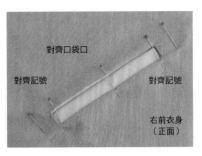

4 將前衣身的口袋口上側與口袋的口袋口對齊疊放。

5 從正面車縫口袋口的下端。

6 口袋依底部褶線對摺，兩脇邊沿1cm縫份線車縫（避開前衣身）。

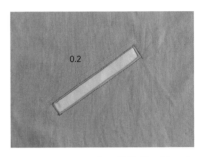

7 從正面縫合口袋口的另外三邊。左前衣身也依相同作法縫上口袋。

2 縫合後衣身

後衣身正面相對，沿1cm縫份線縫合後中心，燙開縫份。

3 縫合肩部

前衣身與後衣身的肩部正面相對，沿1cm縫份線車縫，燙開縫份。

4 接縫袖子

衣身與袖子正面相對，沿1cm縫份線車縫，縫份倒向衣身側。

5 縫合裡前衣身與前貼邊

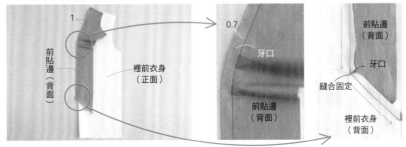

1 於前貼邊剪牙口，與裡前衣身正面相對，沿1cm縫份線車縫。

於貼邊的彎弧處剪牙口。裡前衣身的角也剪牙口。

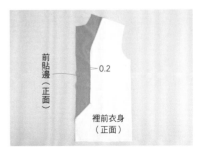

2 縫份倒向衣身側，從正面車縫壓線。左前衣身作法亦同。

43

6 縫合裡後衣身與後貼邊

1 於裡後衣身的領圍縫份剪0.7cm牙口。

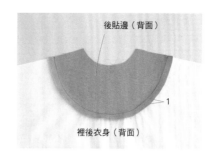

2 裡後衣身與後貼邊正面相對，沿1cm縫份線車縫。

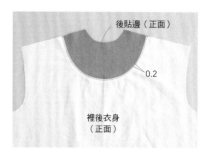

3 縫份倒向衣身側，從正面車縫壓線。

7 縫合裡前衣身與裡後衣身的肩部

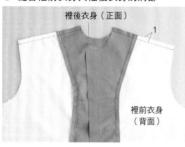

裡前衣身與裡後衣身的肩部正面相對，沿1cm縫份線車縫，燙開縫份。

8 接縫裡袖

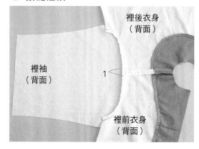

裡衣身與裡袖正面相對，沿1cm縫份線車縫，縫份倒向衣身側。

9 縫合領圍

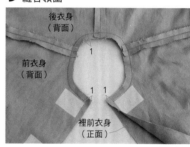

1 表衣身與裡衣身的領圍正面相對，沿1cm縫份線車縫（前端縫份預留1cm不縫）。

2 領圍的縫份每間隔1.5cm剪0.7cm牙口。

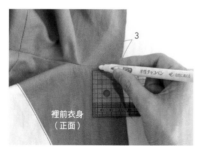

3 展開衣身，在距裡前衣身前端3cm處作記號（兩側均同）。

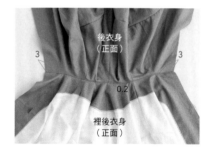

4 縫份倒向裡衣身側，記號與記號之間從正面車縫壓線。

10 縫合表前衣身與裡前衣身的前端

表前衣身與裡前衣身的前端正面相對，沿1cm縫份線車縫。下襬縫份預留1cm不縫。

左衣身的作法亦同，剪成斜角。

11 縫合表袖與裡袖的袖口

表袖與裡袖的袖口正面相疊，沿1cm縫份車縫。表布的袖子可稍長。縫份倒向裡袖側。

12 表裡衣身各自從袖下縫合至脇邊

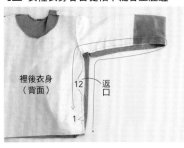

裡後衣身
（背面）

12　返口

1

表前衣身與表後衣身、裡前衣身與裡後衣身各自正面相疊，從脇邊到袖下再到脇邊沿1cm縫份車縫（因為袖口是連在一起的，會變成從表衣身續縫至裡衣身的形狀）。裡衣身的脇邊預留12cm返口（大人款預留16cm返口）。燙開縫份。

13 縫合表衣身與裡衣身的下襬

表衣身
（背面）

1

表衣身與裡衣身正面相對，沿下襬的1cm縫份車縫。

14 將表裡的縫份部分縫合

表後衣身
（背面）

☆　☆

★　★

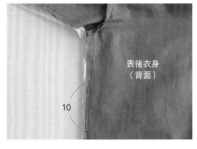

表後衣身
（背面）

10

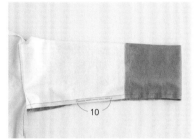

10

1 為避免表裡錯位，在翻至正面時會將相對的縫份部分縫合。脇邊的縫份是★與★重疊（避開☆與☆）。

2 以手縫方式鬆鬆的縫合約10cm。另一側脇邊縫法亦同。

3 左右袖下縫法亦同。

★

15 翻至正面縫合返口

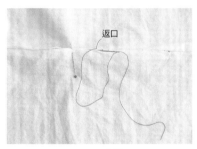

返口

1 從返口翻至正面，以熨斗整燙。

以錐子挑出尖角。

2 以ㄇ字縫縫合返口。

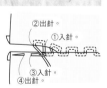

②出針。
①入針。
③入針。
④出針。

16 開釦眼縫上鈕釦

1 於左前衣身開釦眼並剪切口。單側插入珠針，注意切口不要剪過長了（也可使用拆線器）。

力釦縫法

鈕釦
力釦
衣身（正面）
始縫結
↓
穿過兩次
止縫結

2 於右前衣身縫上鈕釦與力釦。

完成

45

肩褶設計罩衫　Photo P.6、P.38（大人款）

兒童款・完成尺寸（S/M/L）
胸圍　92/100/108cm
總長　40/43/46cm

大人款・完成尺寸（S/M/L/LL）
胸圍　135/139/143/147cm
總長　55/57/59/61cm

兒童款
原寸紙型A面【1】
1-前衣身、2-後衣身、
3-袖子

大人款
原寸紙型F面【19】
1-前衣身、2-後衣身、
3-袖子

材料
兒童款（S/M/L）
・粗棉麻布（米白）　寬110cm×105/110/120cm
・粗棉麻布（綠色）　40cm×40cm
・直徑1.2cm鈕釦　1顆
・手縫線（顏色隨喜好）　適量

大人款
・粗棉麻布（米白）　110cm幅×250cm
・直徑1.2cm鈕釦　1顆

※無袖款與連身裙的變化款參見P.79。

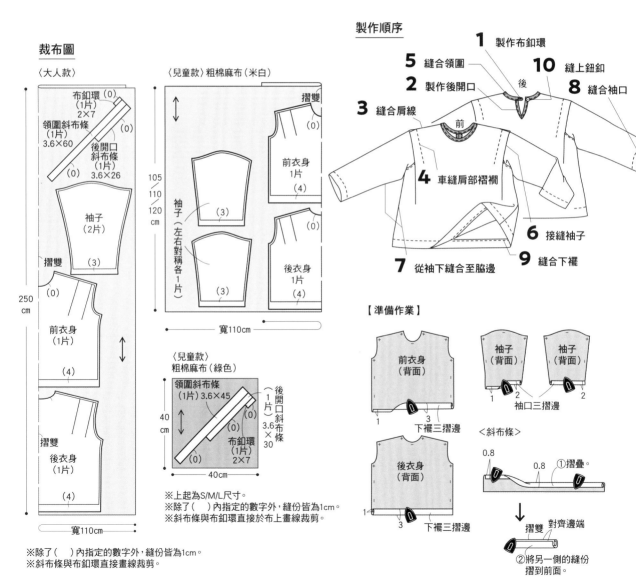

裁布圖

製作順序

【準備作業】

※上起為S/M/L尺寸。
※除了（ ）內指定的數字外，縫份皆為1cm。
※斜布條與布釦環直接於布上畫線裁剪。

※除了（ ）內指定的數字外，縫份皆為1cm。
※斜布條與布釦環直接畫線裁剪。

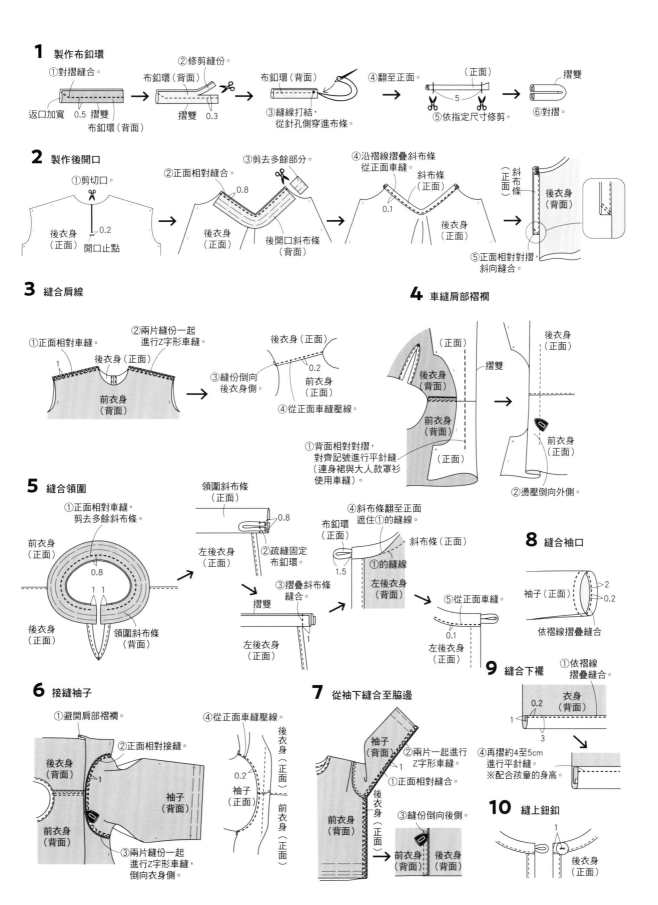

1 製作布鈕環

①對摺縫合。
返口加寬 0.5 摺雙
布鈕環（背面）
②修剪縫份。
布鈕環（背面）
摺雙 0.3
布鈕環（背面）
③縫線打結，從針孔側穿進布條。
④翻至正面。
（正面）
5
⑤依指定尺寸修剪。
摺雙
⑥對摺。

2 製作後開口

①剪切口。
後衣身（正面）
0.2
開口止點
②正面相對縫合。
0.8
後衣身（正面）
後開口斜布條（背面）
③剪去多餘部分。
④沿褶線摺疊斜布條從正面車縫。
斜布條（正面）
0.1
後衣身（正面）
斜布條（正面）
後衣身（背面）
⑤正面相對對摺，斜向縫合。

3 縫合肩線

①正面相對車縫。
②兩片縫份一起進行Z字形車縫。
1
後衣身（正面）
前衣身（背面）
後衣身（正面）
0.2
前衣身（正面）
③縫份倒向後衣身側。
④從正面車縫壓線。

4 車縫肩部褶襉

（正面）
後衣身（背面）
前衣身（背面）
摺雙
後衣身（正面）
前衣身（正面）
①背面相對對摺，對齊記號進行平針縫（連身裙與大人款罩衫使用車縫）。
②燙壓倒向外側。

5 縫合領圍

①正面相對車縫，剪去多餘斜布條。
前衣身（正面）
0.8
1 1
後衣身（正面）
領圍斜布條（背面）
領圍斜布條（正面）
0.8
左後衣身（正面）
②疏縫固定布鈕環。
③摺疊斜布條縫合。
摺雙
左後衣身（正面）
1
④斜布條翻至正面遮住①的縫線。
布鈕環（正面）
斜布條（正面）
①的縫線
1.5
左後衣身（背面）
⑤從正面車縫。
0.1
左後衣身（正面）

6 接縫袖子

①避開肩部褶襉。
②正面相對接縫。
後衣身（背面）
1
前衣身（背面）
袖子（背面）
③兩片縫份一起進行Z字形車縫，倒向衣身側。
④從正面車縫壓線。
後衣身（正面）
0.2
袖子（正面）
前衣身（正面）

7 從袖下縫合至脇邊

袖子（背面）
②兩片一起進行Z字形車縫。
1
前衣身（背面）
後衣身（正面）
①正面相對縫合。
③縫份倒向後側。
前衣身（背面）
後衣身（背面）

8 縫合袖口

袖子（正面）
2
0.2
依褶線摺疊縫合

9 縫合下襬

①依褶線摺疊縫合
衣身（背面）
0.2
1
3
④再摺疊約4至5cm進行平針縫。※配合孩童的身高。

10 縫上鈕釦

1
後衣身（正面）

氣球型罩衫 Photo P.10

完成尺寸（S/M/L）
胸圍　96/104/112cm
總長　41/45/50cm

材料（S/M/L）
・緹花條紋泡泡布（紅色）　寬128cm×130/170/200cm
・寬2cm鬆緊帶
領圍用　44/46/48cm
下襬用　55/62/65cm
袖口用　19/20/21cm×2條
（以上皆依體型調整長度）

原寸紙型C面【8】
1-前衣身、2-後衣身、3-袖子

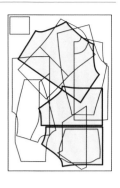

裁布圖

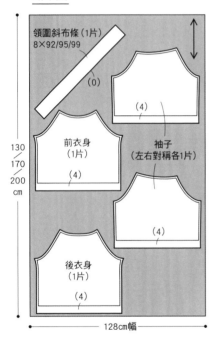

領圍斜布條（1片）
8×92/95/99
(0)

前衣身
（1片）
(4)

袖子
（左右對稱各1片）
(4)

後衣身
（1片）
(4)

130
/
170
/
200
cm

128cm幅

※上起（左起）為S/M/L。
※除了（　）內指定的數字外，縫份皆為1cm。
※斜布條直接於布上畫線裁剪（可將2片接成1條）。
※使用寬110cm的布時，布長為180/200/220cm。

製作順序

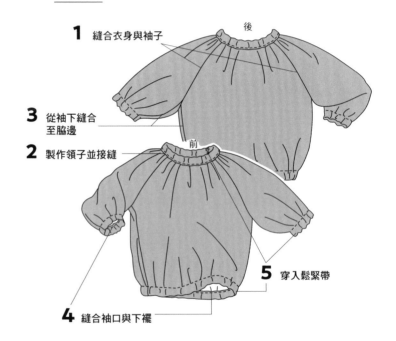

1 縫合衣身與袖子

後

3 從袖下縫合至脇邊

2 製作領子並接縫

前

5 穿入鬆緊帶

4 縫合袖口與下襬

【準備作業】

①摺成領子寬度。
摺雙 3
領子（背面）
1

摺雙

②將另一側的縫份摺到前面。

前衣身
（背面）
1
3

後衣身
（背面）
3
下襬三摺邊

袖子
（背面）
1
3

袖子
（背面）
1
3

袖口三摺邊

1 縫合衣身與袖子

後衣身（背面）

④此處縫法亦同。

左袖
（背面）

③縫份倒向衣身側。

右袖（正面）

①正面相對縫合。

前衣身（背面）

②兩片一起
進行Z字形車縫。

2 製作領子並接縫

領圍斜布條（背面）

①正面相對縫合。

摺雙

1

留2.5cm不縫

②燙開縫份。

0.2

③車縫鬆緊帶穿入口周圍。

前衣身（背面） 1

袖子
（正面）

鬆緊帶穿入口

後衣身
（正面）

袖子
（正面）

④正面相對車縫。

摺雙 領子（正面）

後衣身（背面）

⑤依褶線摺疊，
從正面車縫。

3 0.2

前衣身
（正面）

袖子（正面）

3 從袖下縫合至脇邊

留2.5cm不縫
（鬆緊帶穿入口）

袖子
（背面）

4

③僅於前袖的縫份剪牙口。

1

①正面相對縫合。

前衣身（背面）

②兩片縫份一起進行
Z字形車縫，倒向後側。
※右脇邊的下襬與
左右袖口的縫份除外。

③僅於前衣身的右脇邊
縫份剪牙口。

4

右脇邊留2.5cm不縫
（鬆緊帶穿入口）
※左脇邊全部縫合。

4 縫合袖口與下襬

（背面）

0.2 3

1

依褶線摺疊縫合

5 穿入鬆緊帶

前衣身
（背面）

後衣身
（背面）

0.1

④燙開縫份，
車縫鬆緊帶
穿入口周圍。

※袖口作法亦同。

（背面）

穿入鬆緊帶，兩端重疊
1.5cm縫合固定。

前短後長針織棉衫（長袖・半袖） Photo P.12、13

完成尺寸（S/M/L）
胸圍　99/104/111cm
總長　36.5/41.5/46.5cm

材料（S/M/L）
半袖
・C&S 星星圖案天竺棉（灰底米白圖案）　寬160cm×50/55/60cm
・寬1cm止伸襯布條　40/45/50cm
長袖
・針織天竺棉（條紋）　寬130cm×70/80/90cm
・寬1cm止伸襯布條　40/45/50cm

原寸紙型E面【16】
1-前衣身、2-後衣身
3-袖子（僅長袖）
※此紙型為針織布專用。

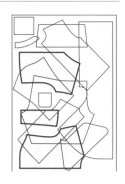

裁布圖

〈半袖〉
C&S 星星圖案天竺棉

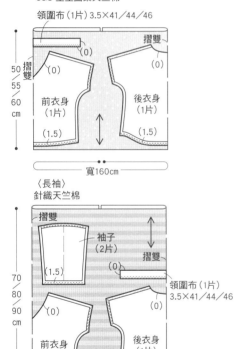

領圍布（1片）3.5×41／44／46
摺雙
50/55/60cm
摺雙
(0)　(0)
前衣身（1片）　後衣身（1片）
(1.5)　(1.5)
寬160cm

〈長袖〉
針織天竺棉

摺雙
袖子（2片）
(1.5)　摺雙
(0)
領圍布（1片）3.5×41／44／46
70/80/90cm
(0)　(0)
前衣身（1片）　後衣身（1片）
(1.5)　(1.5)
寬130cm

※上起（左起）為S/M/L。
※除了（　）內指定的數字外，縫份皆為1cm。
※▨▨ 需於背面燙貼止伸襯布條。
※〰〰〰 以Z字形車縫處理縫份。
※領圍布直接於布上畫線裁剪。

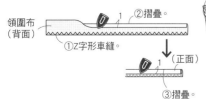

領圍布（背面）
①Z字形車縫。
②摺疊。
（正面）
③摺疊。

製作順序

2 製作領圍布並縫上

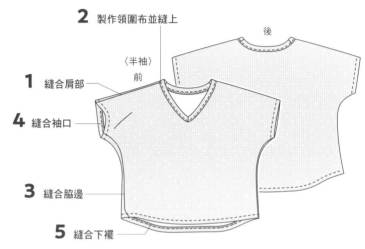

〈半袖〉
前
後

1 縫合肩部

4 縫合袖口

3 縫合脇邊

5 縫合下襬

〈長袖〉

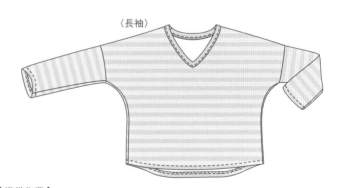

【準備作業】

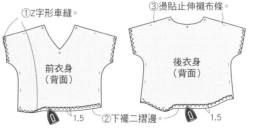

①Z字形車縫。
前衣身（背面）
②下襬二摺邊。
1.5

③燙貼止伸襯布條。
後衣身（背面）
1.5

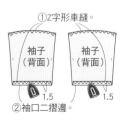

①Z字形車縫。
袖子（背面）　袖子（背面）
②袖口二摺邊。
1.5　1.5

1 縫合肩部

①正面相對縫合。

後衣身（正面）

②兩片縫份一起進行Z字形車縫，倒向後側。

前衣身（背面）

2 製作領圍布並縫上

①正面相對縫合。

摺雙
領圍布（背面）

②修剪縫份。

（背面）
0.3

③燙開縫份。

（背面）

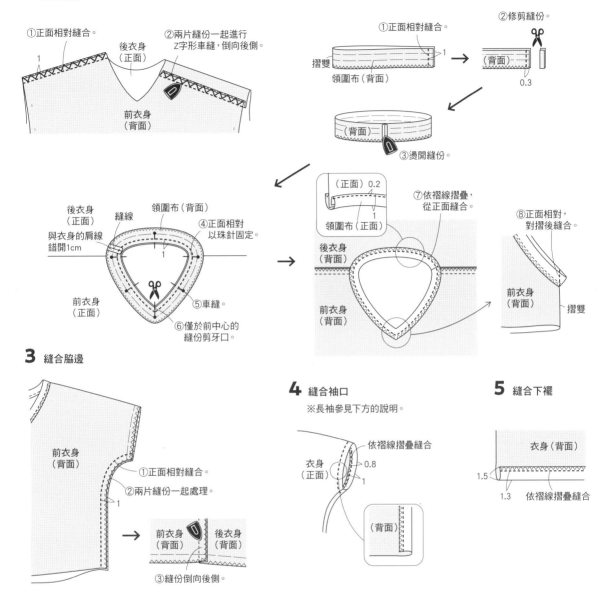

後衣身（正面）

縫線

與衣身的肩線錯開1cm

領圍布（背面）

④正面相對以珠針固定。

前衣身（正面）

⑤車縫。

⑥僅於前中心的縫份剪牙口。

（正面）0.2

領圍布（正面）

1

⑦依褶線摺疊，從正面縫合。

後衣身（背面）

前衣身（背面）

⑧正面相對，對摺後縫合。

前衣身（背面）

摺雙

3 縫合脇邊

前衣身（背面）

①正面相對縫合。

②兩片縫份一起處理。

1

前衣身（背面）　後衣身（背面）

③縫份倒向後側。

4 縫合袖口

※長袖參見下方的說明。

衣身（正面）

依褶線摺疊縫合
0.8
1

（背面）

5 縫合下襬

衣身（背面）

1.5
1.3　依褶線摺疊縫合

〈長袖〉

4 製作袖子並接縫

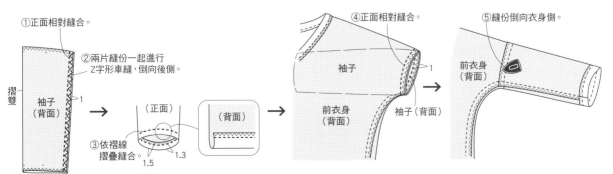

①正面相對縫合。

摺雙

袖子（背面）

1

②兩片縫份一起進行Z字形車縫，倒向後側。

（正面）

（背面）

③依褶線摺疊縫合。
1.5　1.3

④正面相對縫合。

袖子

前衣身（背面）

袖子（背面）

1

⑤縫份倒向衣身側。

前衣身（背面）

小矮人尖頂帽 T　Photo P.14

完成尺寸（S/M/L）
胸圍　約75/92/102cm
總長　34/38/41.5cm

材料（S/M/L）
・粗挽天竺棉（霜降灰）　寬160cm×90/100/120cm
・寬1cm止伸襯布條　45/65/70cm

原寸紙型B面【4】
1-前衣身、2-後衣身、
3-連身帽
※此紙型為針織布專用。

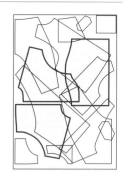

製作順序

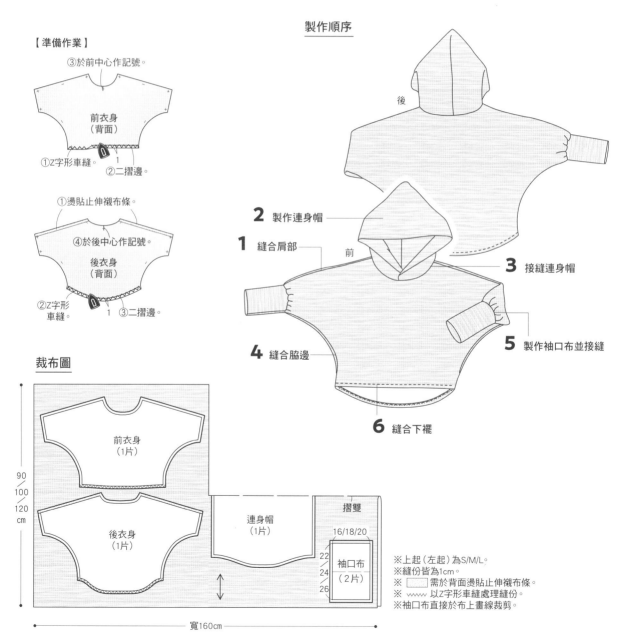

【準備作業】
③於前中心作記號。
前衣身（背面）
①Z字形車縫。
1
②二摺邊。

①燙貼止伸襯布條。
④於後中心作記號。
後衣身（背面）
②Z字形車縫。
1
③二摺邊。

1 縫合肩部
2 製作連身帽
3 接縫連身帽
4 縫合脇邊
5 製作袖口布並接縫
6 縫合下襬

後
前

裁布圖

前衣身（1片）
後衣身（1片）
連身帽（1片）
摺雙
16/18/20
22/24/26
袖口布（2片）
90/100/120cm

寬160cm

※上起（左起）為S/M/L。
※縫份皆為1cm。
※ ▭ 需於背面燙貼止伸襯布條。
※ wwww 以Z字形車縫處理縫份。
※袖口布直接於布上畫線裁剪。

1 縫合肩部

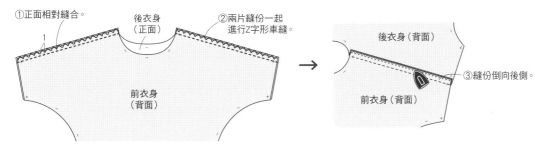

①正面相對縫合。
②兩片縫份一起進行Z字形車縫。
後衣身（正面）
1
前衣身（背面）

後衣身（背面）
③縫份倒向後側。
前衣身（背面）

2 製作連身帽

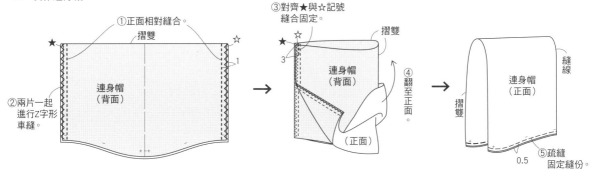

①正面相對縫合。
摺雙
★　　　　　☆
②兩片一起進行Z字形車縫。
連身帽（背面）
1

③對齊★與☆記號縫合固定。
★　☆
3
連身帽（背面）
摺雙
④翻至正面。
（正面）

連身帽（正面）
摺雙
縫線
0.5
⑤疏縫固定縫份。

3 接縫連身帽

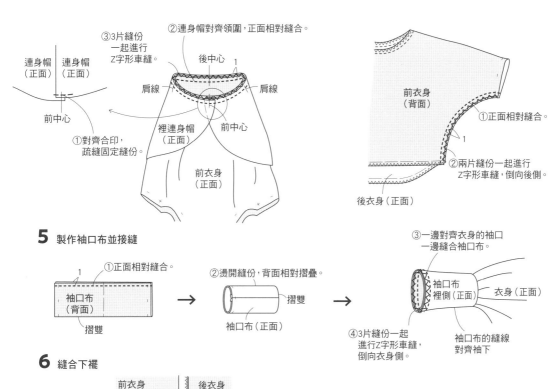

連身帽（正面）　連身帽（正面）
前中心
①對齊合印，疏縫固定縫份。

③3片縫份一起進行Z字形車縫。
②連身帽對齊領圍，正面相對縫合。
後中心　1
肩線　　　肩線
裡連身帽（正面）　前中心
前衣身（正面）

4 縫合脇邊

後衣身（背面）
前衣身（背面）
①正面相對縫合。
1
②兩片縫份一起進行Z字形車縫，倒向後側。
後衣身（正面）

5 製作袖口布並接縫

①正面相對縫合。
1
袖口布（背面）
摺雙

②燙開縫份，背面相對摺疊。
袖口布（正面）
摺雙

③一邊對齊衣身的袖口一邊縫合袖口布。
袖口布裡側（正面）
衣身（正面）
④3片縫份一起進行Z字形車縫，倒向衣身側。
袖口布的縫線對齊袖下

6 縫合下襬

前衣身（背面）
0.2
後衣身（背面）
依褶線摺疊車縫

前交叉背心　Photo P.16、P.39（大人款）

兒童款・完成尺寸（S/M/L）
胸圍　72/80/88cm
總長　31/35/39cm

大人款・完成尺寸（S/M/L/LL）
胸圍　108/112/116/120cm
總長　43.5/45.5/47.5/49.5cm

材料
＜兒童款＞（S/M/L）
・表布…亞麻斜紋布（薰衣草灰）/ 人字紋羊毛亞麻
寬150/110cm×50/55/60cm
・裡布…素面亞麻　寬110cm×50/55/60cm
・黏著襯　10×10cm
＜大人款＞（S/M/L/LL）
・表布…起毛亞麻　寬110cm×100/100/110/120cm
・裡布…羊毛亞麻　寬110cm×100/100/110/120cm
・黏著襯　10×20cm

兒童款
原寸紙型B面【5】
1-前衣身、2-後衣身、
3-口袋

大人款
原寸紙型B面【7】
1-前衣身、2-後衣身、
3-口袋

裁布圖

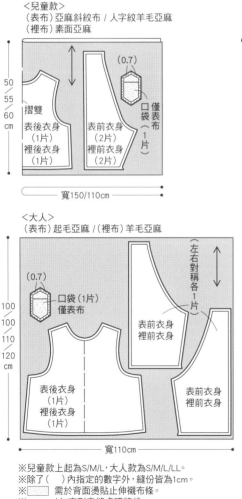

＜兒童款＞
（表布）亞麻斜紋布 / 人字紋羊毛亞麻
（裡布）素面亞麻

50
／
55
／
60
cm

摺雙

(0.7)

表後衣身
（1片）
裡後衣身
（1片）

表前衣身
（2片）
裡前衣身
（2片）

口袋
僅表布（1片）

寬150/110cm

＜大人＞
（表布）起毛亞麻 /（裡布）羊毛亞麻

100
／
100
／
110
／
120
cm

(0.7)

口袋（1片）
僅表布

（左右對稱各1片）

表前衣身
裡前衣身

表後衣身
（1片）
裡後衣身
（1片）

表前衣身
裡前衣身

寬110cm

※兒童款上起為S/M/L，大人款為S/M/L/LL。
※除了（　）內指定的數字外，縫份皆為1cm。
※▨▨▨ 需於背面燙貼止伸襯布條。
※〰〰 以Z字形車縫處理縫份。

製作順序

1 製作口袋並接縫

2 縫合肩部

3 縫合領圍

4 縫合袖襱並翻至正面

5 縫合脇邊

6 縫合下襬

前

後

【準備作業】

口袋（背面）

①燙貼黏著襯。

②Z字形車縫周圍。

1 製作口袋並接縫

①摺疊口袋口縫合。

摺雙

口袋（背面）

0.7

口袋（正面）

0.7

②摺疊縫份。

口袋（正面）

③縫合

後衣身（正面）

0.5

口袋（正面）

0.1

2 縫合肩部

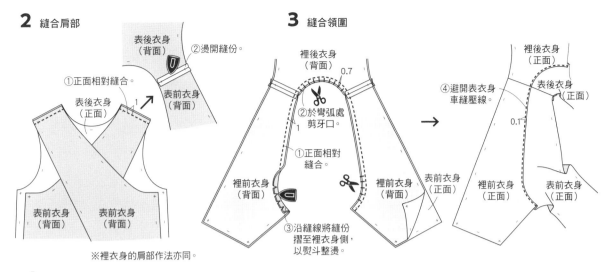

②燙開縫份。

表後衣身（背面）

①正面相對縫合。

表後衣身（正面）

表前衣身（背面）

表前衣身（背面）

表前衣身（背面）

※裡衣身的肩部作法亦同。

3 縫合領圍

裡後衣身（背面）

0.7

②於彎弧處剪牙口。

①正面相對縫合。

裡前衣身（背面）

裡前衣身（背面）

表前衣身（正面）

③沿縫線將縫份摺至裡衣身側，以熨斗整燙。

④避開表衣身車縫壓線。

裡後衣身（正面）

表後衣身（正面）

0.1

裡前衣身（正面）

表前衣身（正面）

4 縫合袖襱並翻至正面

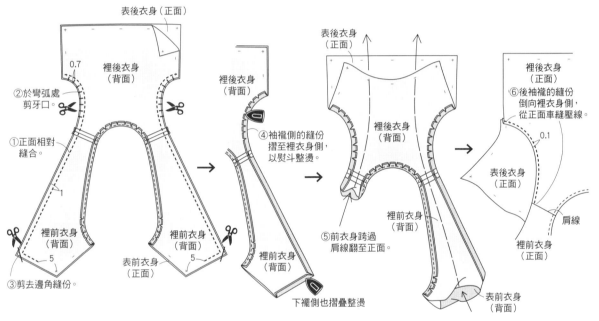

表後衣身（正面）

0.7

②於彎弧處剪牙口。

裡後衣身（背面）

①正面相對縫合。

裡前衣身（背面）

表前衣身（正面）

裡前衣身（背面）

③剪去邊角縫份。

裡後衣身（背面）

④袖襱側的縫份摺至裡衣身側，以熨斗整燙。

裡前衣身（背面）

下襬側也摺疊整燙

⑤前衣身跨過肩線翻至正面。

裡後衣身（正面）

裡後衣身（正面）

⑥後袖襱的縫份倒向裡衣身側，從正面車縫壓線。

0.1

表後衣身（正面）

肩線

裡前衣身（正面）

表前衣身（背面）

5 縫合脇邊

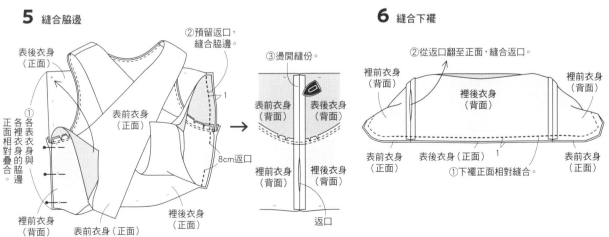

表後衣身（正面）

②預留返口，縫合脇邊。

①各表衣身與各裡衣身的脇邊正面相對疊合。

表前衣身（正面）

裡前衣身（背面）

表前衣身（正面）

裡後衣身（正面）

8cm返口

③燙開縫份。

表前衣身（背面）

表後衣身（背面）

裡前衣身（背面）

裡後衣身（背面）

返口

6 縫合下襬

②從返口翻至正面，縫合返口。

裡前衣身（背面）

裡後衣身（背面）

裡前衣身（背面）

表前衣身（正面）

表後衣身（正面）

表前衣身（正面）

①下襬正面相對縫合。

打褶褲 Photo P.**18**

完成尺寸（90至150）
褲長　50.5/56.5/62.5/68.5/73.5/79.5/85.5cm

材料（90至150）
・亞麻天然染色布（湖水灰）
　寬110cm×130/130/140/160/180/190/200cm
・寬1cm止伸襯布條　40cm
・直徑2cm鈕釦（裝飾用）　2顆
・直徑1cm鈕釦（鬆緊帶用）　2顆
・寬2cm釦眼鬆緊帶　30cm
（依腰圍調整）

原寸紙型A面【2】
1-前褲片、2-後褲片、3-口袋

裁布圖

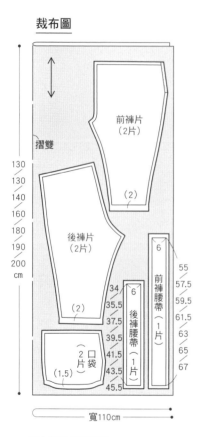

摺雙

前褲片
（2片）

（2）

後褲片
（2片）

（2）

6

後褲腰帶
（一片）

6

前褲腰帶
（一片）

口袋
2片
（1.5）

130
130
140
160
180
190
200
cm

34
35.5
37.5
39.5
41.5
43.5
45.5

55
57.5
59.5
61.5
63
65
67

寬110cm

※上起尺寸90至150cm。
※除了（　）內指定的數字外，縫份皆為1cm。
※□□ 需於背面燙貼止伸襯布條。
※褲腰帶直接於布上畫線裁剪。

製作順序

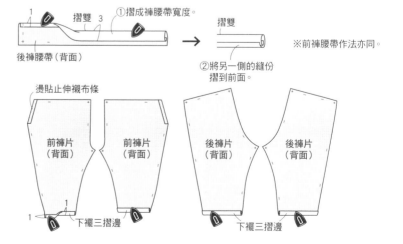

6 製作褲腰帶並接縫
8 穿入鬆緊帶
前　　後

1 製作口袋並接縫

7 縫上鈕釦

2 縫合脇邊
　※參見P.61作法**3**

5 縫合股上
　※參見P.61作法**6**

3 縫合股下
　※參見P.61作法**4**

4 縫合下襬
　※參見P.61作法**5**

【準備作業】

1
摺雙
3
①摺成褲腰帶寬度。
後褲腰帶（背面）

摺雙
②將另一側的縫份
摺到前面。

※前褲腰帶作法亦同。

燙貼止伸襯布條

前褲片
（背面）

前褲片
（背面）

後褲片
（背面）

後褲片
（背面）

1
1
下襬三摺邊

下襬三摺邊

1 製作口袋並接縫

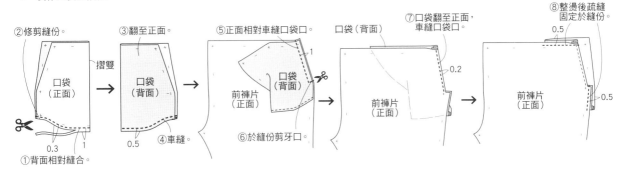

②修剪縫份。 ③翻至正面。 ⑤正面相對車縫口袋口。 口袋（背面） ⑦口袋翻至正面，車縫口袋口。 ⑧整燙後疏縫固定於縫份。

摺雙

口袋（正面） 口袋（背面） 前褲片（正面） 口袋（背面） 前褲片（正面） 前褲片（正面）

1

0.2

0.5

0.3 1 0.5 ④車縫。 ⑥於縫份剪牙口

①背面相對縫合。

6 製作褲腰帶並接縫

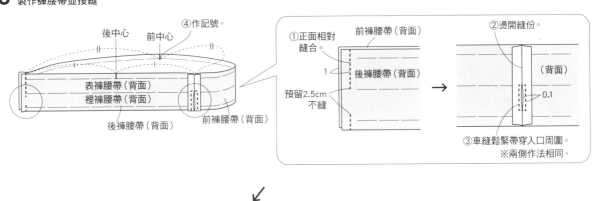

後中心 前中心 ④作記號。 ①正面相對縫合 ②燙開縫份。

表褲腰帶（背面） 裡褲腰帶（背面） 前褲腰帶（背面） 後褲腰帶（背面） （背面）

後褲腰帶（背面） 前褲腰帶（背面） 1 預留2.5cm不縫 0.1

③車縫鬆緊帶穿入口周圍。
※兩側作法相同。

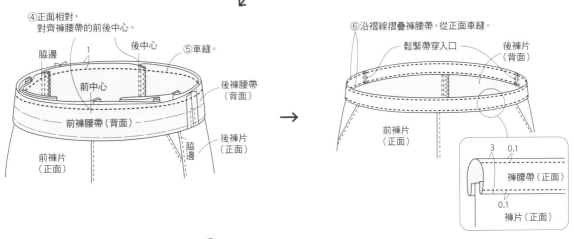

④正面相對，對齊褲腰帶的前後中心。 ⑥沿褶線摺疊褲腰帶，從正面車縫。

脇邊 1 後中心 ⑤車縫。 鬆緊帶穿入口 後褲片（背面）

前中心 後褲腰帶（背面）

前褲腰帶（背面） 後褲片（正面） 前褲片（正面）

前褲片（正面） 脇邊 3 0.1

褲腰帶（正面）

0.1

褲片（正面）

7 縫上鈕釦

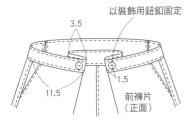

以裝飾用鈕釦固定

3.5

1.5

11.5 前褲片（正面）

※依腰圍調整裝飾用鈕釦的位置。

8 穿入鬆緊帶

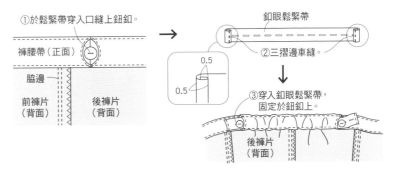

①於鬆緊帶穿入口縫上鈕釦。 釦眼鬆緊帶

褲腰帶（正面） ②三摺邊車縫。

脇邊 0.5

前褲片（背面） 後褲片（背面） 0.5

③穿入釦眼鬆緊帶，固定於鈕釦上。

後褲片（背面）

燈籠褲 Photo P.20

完成尺寸（90至150）
褲長　54/60/66/72/77/83/89cm

材料（90至150）
・水洗比利時亞麻（生成色・芥末色）
寬142cm×150/160/170/190/200/210/220cm
・鬆緊帶 寬2cm
褲腰用　40/43/46/49/52/55/58cm×2條
（依腰圍調整）
下襬用　26/26/27/27/28/28/28cm×2條
（依腳踝粗細調整）

原寸紙型D面【11】
1-前褲片、2-後褲片

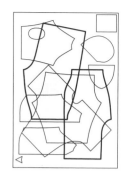

裁布圖

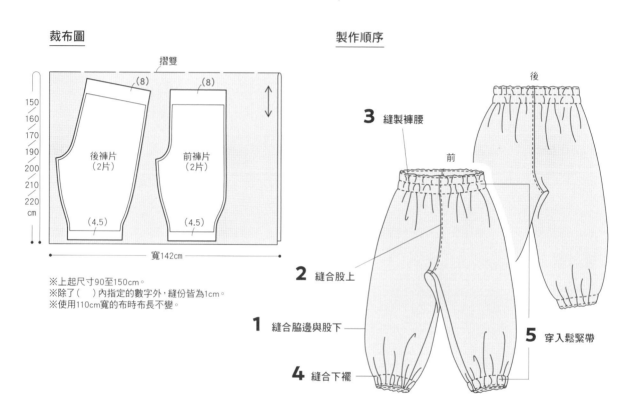

摺雙

(8)　(8)

150
160
170
190
200
210
220
cm

後褲片
（2片）

前褲片
（2片）

(4.5)　(4.5)

寬142cm

※上起尺寸90至150cm。
※除了（　）內指定的數字外，縫份皆為1cm。
※使用110cm寬的布時布長不變。

製作順序

後

3 縫製褲腰

前

2 縫合股上

1 縫合脇邊與股下

5 穿入鬆緊帶

4 縫合下襬

【準備作業】

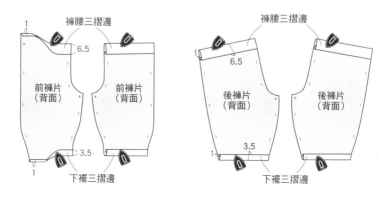

褲腰三摺邊

1

6.5

前褲片
（背面）

前褲片
（背面）

3.5

1

下襬三摺邊

褲腰三摺邊

1

6.5

後褲片
（背面）

後褲片
（背面）

3.5

1

下襬三摺邊

1 縫合脇邊與股下

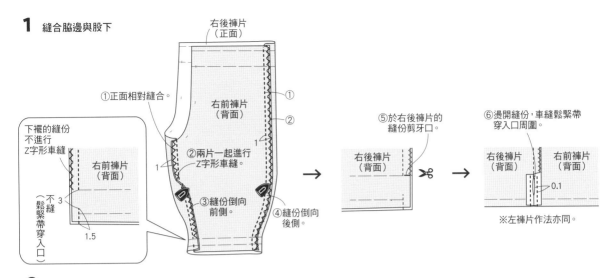

①正面相對縫合。

②兩片一起進行Z字形車縫。

③縫份倒向前側。

④縫份倒向後側。

右後褲片（正面）

右前褲片（背面）

下襬的縫份不進行Z字形車縫

右前褲片（背面）

不縫（鬆緊帶穿入口）

3

1.5

⑤於右後褲片的縫份剪牙口。

右後褲片（背面）

⑥燙開縫份，車縫鬆緊帶穿入口周圍。

右後褲片（背面）　右前褲片（背面）

0.1

※左褲片作法亦同。

2 縫合股上

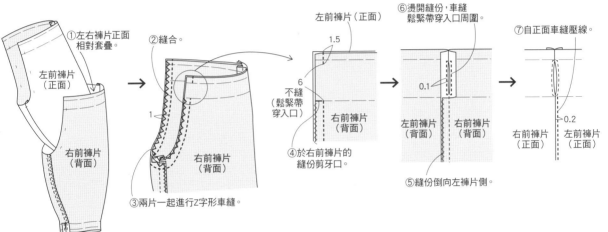

①左右褲片正面相對套疊。

左前褲片（正面）

右前褲片（背面）

②縫合。

③兩片一起進行Z字形車縫。

右前褲片（背面）

左前褲片（正面）

1.5

6

不縫（鬆緊帶穿入口）

右前褲片（背面）

④於右前褲片的縫份剪牙口。

⑥燙開縫份，車縫鬆緊帶穿入口周圍。

0.1

左前褲片（背面）　右前褲片（背面）

⑤縫份倒向左褲片側。

⑦自正面車縫壓線。

0.2

右前褲片（正面）　左前褲片（正面）

3 縫製褲腰

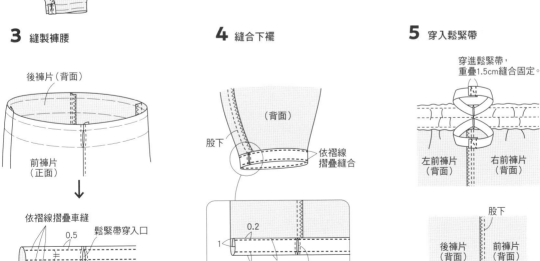

後褲片（背面）

前褲片（正面）

依褶線摺疊車縫

0.5

鬆緊帶穿入口

1

0.2

前褲片（背面）

前中心

4 縫合下襬

（背面）

股下

依褶線摺疊縫合

0.2

1

0.5　3.5　鬆緊帶穿入口

5 穿入鬆緊帶

穿進鬆緊帶，重疊1.5cm縫合固定。

左前褲片（背面）　右前褲片（背面）

股下

後褲片（背面）　前褲片（背面）

穿入鬆緊帶，重疊1.5cm縫合固定。

哈倫褲 Photo P.**22**、P.**38**（大人款）

完成尺寸（90至150）

總長　52/58/64/70/75/81/87cm

材料（90～150）

・C&S絲光卡其布（原色）
　　寬110cm×130/140/150/170/180/210/230cm
・寬1cm止伸襯布條　40cm
・寬2cm鬆緊帶　40/43/46/49/52/55/58cm
（依腰圍調整）

※大人款的完成尺寸、材料與裁布圖參見P.78。
※P.7等的穿搭品項是使用CHECK&STRIPE半亞麻丹寧布。

原寸紙型C面【9】
1-前褲片、2-後褲片、3-口袋

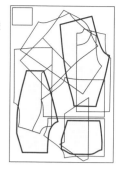

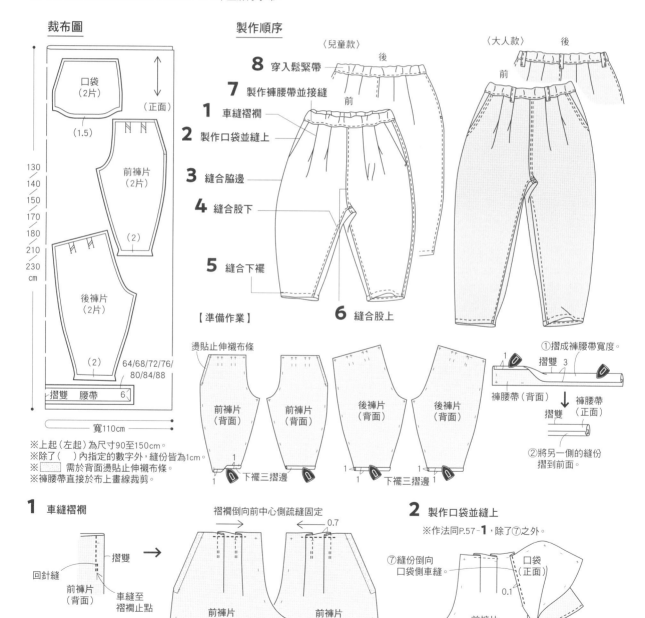

裁布圖

口袋
（2片）
（正面）
（1.5）

前褲片
（2片）
（2）

130
140
150
170
180
210
230
cm

後褲片
（2片）
（2）

64/68/72/76/
80/84/88

摺雙　腰帶　6

寬110cm

※上起（左起）為尺寸90至150cm。
※除了（　）內指定的數字外，縫份皆為1cm。
※□ 需於背面燙貼止伸襯布條。
※褲腰帶直接於布上畫線裁剪。

製作順序

〈兒童款〉　後　前

〈大人款〉　後　前

8 穿入鬆緊帶
7 製作褲腰帶並接縫
1 車縫褶襉
2 製作口袋並縫上
3 縫合脇邊
4 縫合股下
5 縫合下襬
6 縫合股上

【準備作業】

燙貼止伸襯布條

前褲片（背面）　前褲片（背面）　後褲片（背面）　後褲片（背面）

1
下襬三摺邊　　　下襬三摺邊　1　1

①摺成褲腰帶寬度。
摺雙　3
褲腰帶（背面）
摺雙
褲腰帶（正面）
②將另一側的縫份摺到前面。

1 車縫褶襉

摺雙
回針縫
前褲片（背面）
車縫至褶襉止點

褶襉倒向前中心側疏縫固定
0.7
前褲片（背面）　前褲片（背面）
＊後褲片作法亦同。

2 製作口袋並縫上

※作法同P.57-**1**，除了⑦之外。

⑦縫份倒向口袋側車縫。
口袋（正面）
前褲片（正面）
0.1

※大人款在口袋口車縫0.2cm與0.7cm的雙道裝飾線。

3 縫合脇邊

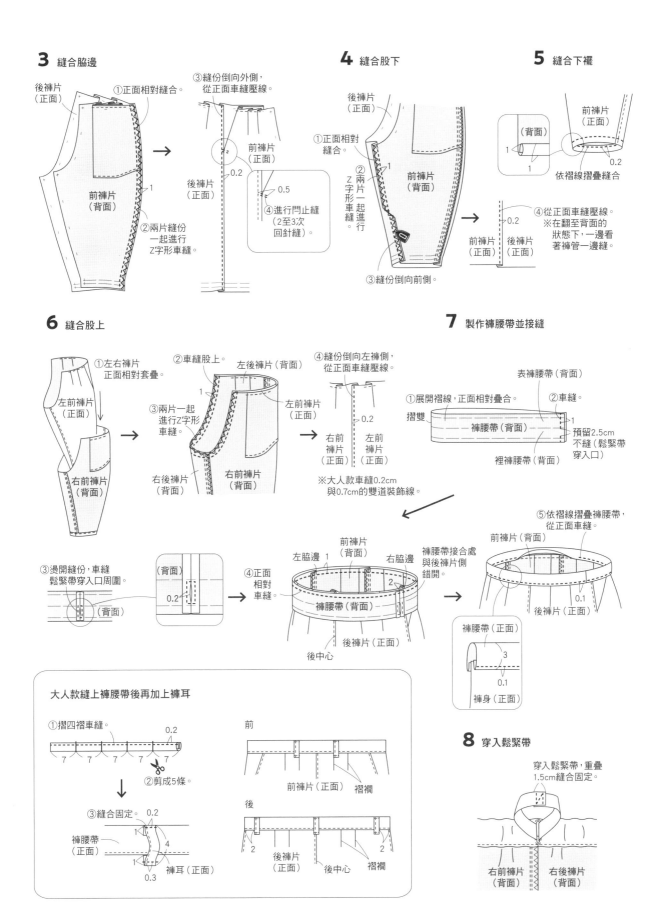

後褲片（正面）
①正面相對縫合。
③縫份倒向外側，從正面車縫壓線。
前褲片（正面）
後褲片（正面）
0.2
前褲片（背面）
1
②兩片縫份一起進行Z字形車縫。
0.5
④進行閂止縫（2至3次回針縫）。

4 縫合股下

後褲片（正面）
①正面相對縫合。
②兩片一起進行Z字形車縫。
1
前褲片（背面）
③縫份倒向前側。
0.2
前褲片（正面）　後褲片（正面）

5 縫合下襬

（背面）
1
前褲片（正面）
1
0.2
依褶線摺疊縫合
④從正面車縫壓線。※在翻至背面的狀態下，一邊看著褲管一邊縫。

6 縫合股上

①左右褲片正面相對套疊。
左前褲片（正面）
右前褲片（背面）
②車縫股上。
左後褲片（背面）
③兩片一起進行Z字形車縫。
1
左前褲片（正面）
右後褲片（背面）
右前褲片（背面）
④縫份倒向左褲側，從正面車縫壓線。
右前褲片（正面）　左前褲片（正面）
0.2
※大人款車縫0.2cm與0.7cm的雙道裝飾線。

③燙開縫份，車縫鬆緊帶穿入口周圍。
（背面）
0.2
（背面）
④正面相對車縫。
左脇邊　前褲片（背面）　右脇邊
1　2
褲腰帶（背面）
後褲片（正面）
後中心

7 製作褲腰帶並接縫

表褲腰帶（背面）
①展開褶線，正面相對疊合。
摺雙
②車縫。
褲腰帶（背面）
1
裡褲腰帶（背面）
預留2.5cm不縫（鬆緊帶穿入口）

⑤依褶線摺疊褲腰帶，從正面車縫。
前褲片（背面）
褲腰帶接合處與後褲片側錯開。
0.1
後褲片（背面）
褲腰帶（正面）
3
0.1
褲身（正面）

大人款縫上褲腰帶後再加上褲耳

①摺四褶車縫。
0.2
7　7　7　7　7
②剪成5條。
③縫合固定。
0.2
褲腰帶（正面）
1
4
1
褲耳（正面）
0.3

前
前褲片（正面）
褶襉
後
2
後褲片（正面）　後中心　褶襉
2

8 穿入鬆緊帶

穿入鬆緊帶，重疊1.5cm縫合固定。
右前褲片（背面）　右後褲片（背面）

吊帶褲 Photo P.24

完成尺寸（90至150）

總長　54/61/68/75/80.5/88/94.5cm（不含肩帶）

材料（90至150）
・雙層紗布日曬風加工布（碳黑色／灰色）
　寬106cm×150/160/180/190/200/210/230cm
・黏著襯　6×3cm
・寬1cm止伸襯布條　30cm
・內徑寬9mm雞眼釦　2組

原寸紙型B面【6】
1-胸片、2-前褲片、3-後衣身、
4-後褲片、5-口袋

裁布圖

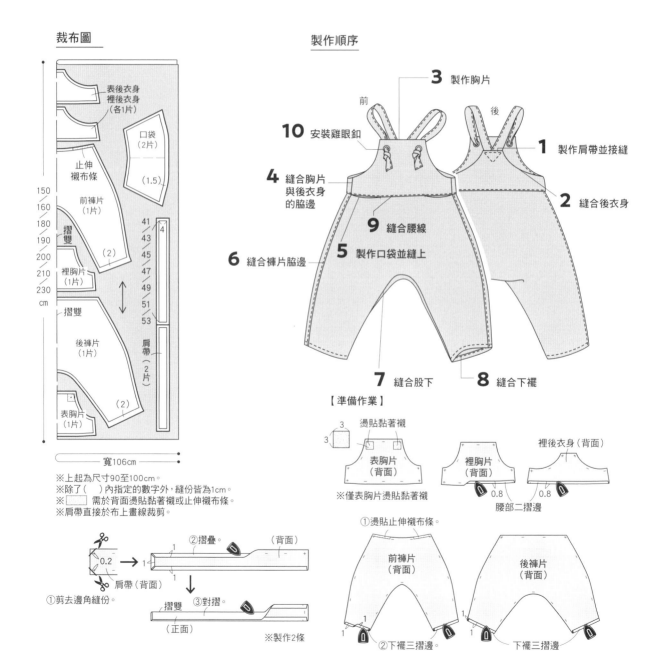

・表後衣身
・裡後衣身
（各1片）
口袋
（2片）
（1.5）
止伸襯布條
前褲片
（1片）
摺雙
（2）
裡胸片
（1片）
摺雙
後褲片
（1片）
（2）
表胸片
（1片）

150
160
180
190
200
210
230
cm

41
43
45
47
49
51
53

4
肩帶
（2片）

寬106cm

※上起為尺寸90至100cm。
※除了（ ）內指定的數字外，縫份皆為1cm。
※ ☐ 需於背面燙貼黏著襯或止伸襯布條。
※肩帶直接於布上畫線裁剪。

0.2
肩帶（背面）
①剪去邊角縫份。

②摺疊。
（背面）
1
1
摺雙
③對摺。
（正面）
※製作2條

製作順序

3　製作胸片

前
後

10　安裝雞眼釦

1　製作肩帶並接縫

4　縫合胸片
　與後衣身
　的脇邊

2　縫合後衣身

9　縫合腰線

6　縫合褲片脇邊

5　製作口袋並縫上

7　縫合股下

8　縫合下襬

【準備作業】

3
3
燙貼黏著襯
表胸片
（背面）
※僅表胸片燙貼黏著襯

裡胸片
（背面）
0.8
腰部二摺邊

裡後衣身（背面）
0.8

①燙貼止伸襯布條。

前褲片
（背面）

後褲片
（背面）

②下襬三摺邊。

下襬三摺邊

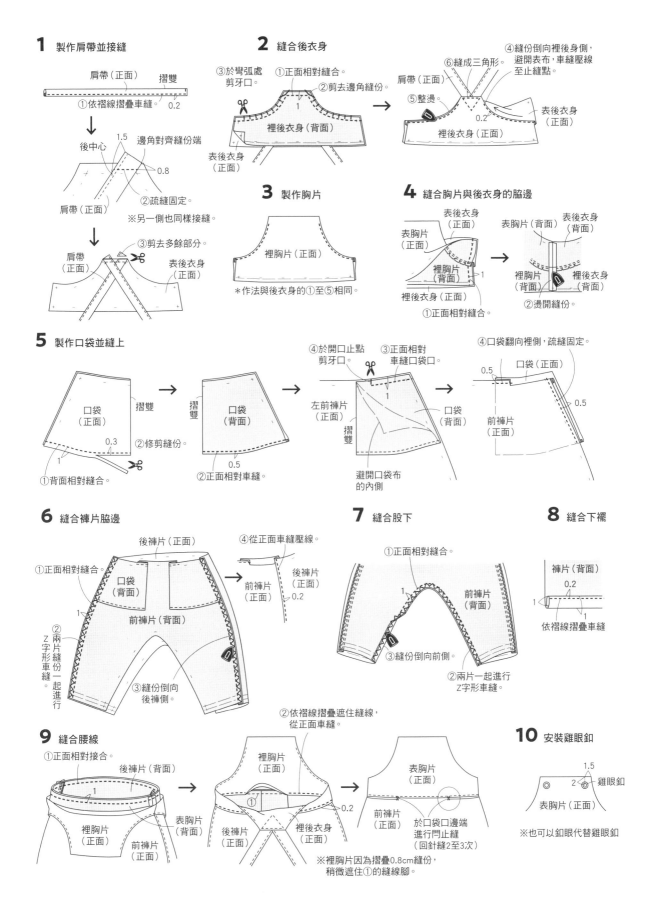

1 製作肩帶並接縫

肩帶（正面）　摺雙
①依摺線摺疊車縫。　0.2

後中心　1.5
邊角對齊縫份端
0.8
肩帶（正面）
②疏縫固定。
※另一側也同樣接縫。

③剪去多餘部分。
肩帶（正面）
表後衣身（正面）

2 縫合後衣身

③於彎弧處剪牙口。
①正面相對縫合。
②剪去邊角縫份。
裡後衣身（背面）
表後衣身（正面）
1

④縫份倒向裡後身側，避開表布，車縫壓線至止縫點。
⑥縫成三角形。
肩帶（正面）
⑤整燙
0.2
裡後衣身（正面）
表後衣身（正面）

3 製作胸片

裡胸片（正面）

＊作法與後衣身的①至⑤相同。

4 縫合胸片與後衣身的脇邊

表後衣身（正面）
表胸片（正面）
裡胸片（背面）
裡後衣身（正面）
1
①正面相對縫合。

表胸片（背面）
表後衣身（背面）
裡胸片（背面）
裡後衣身（背面）
②燙開縫份。

5 製作口袋並縫上

口袋（正面）　摺雙
0.3
1
①背面相對縫合。
②修剪縫份。

摺雙
口袋（背面）
0.5
②正面相對車縫。

④於開口止點剪牙口。
③正面相對車縫口袋口。
左前褲片（正面）
摺雙
口袋（背面）
1
避開口袋布的內側

④口袋翻向裡側，疏縫固定。
0.5
口袋（正面）
前褲片（正面）
0.5

6 縫合褲片脇邊

後褲片（正面）
①正面相對縫合。
口袋（背面）
前褲片（背面）
1
②兩片縫份一起進行Z字形車縫。
③縫份倒向後褲側。

④從正面車縫壓線。
前褲片（正面）
後褲片（正面）
0.2

7 縫合股下

①正面相對縫合。
1
前褲片（背面）
③縫份倒向前側。
②兩片一起進行Z字形車縫。

8 縫合下襬

褲片（背面）
0.2
1
1
依摺線摺疊車縫

9 縫合腰線

①正面相對接合。
後褲片（背面）
1
裡胸片（正面）
表胸片（背面）
前褲片（正面）

②依摺線摺疊遮住縫線，從正面車縫。
裡胸片（正面）
①
0.2
前褲片（正面）
後褲片（正面）
表後衣身（正面）

表胸片（正面）
前褲片（正面）
於口袋口邊端進行閂止縫（回針縫2至3次）

※裡胸片因為摺疊0.8cm縫份，稍微遮住①的縫線腳。

10 安裝雞眼釦

1.5
2　雞眼釦
表胸片（正面）

※也可以釦眼代替雞眼釦

抽繩長版上衣 <small>Photo P.26</small>

完成尺寸（S/M/L）
胸圍　112/120/128cm
總長　59.5/69.5/79.5cm

材料（S/M/L）
・亞麻格紋110-3　寬108cm×125/145/165cm
・直徑1.5cm鈕釦　1顆
・直徑0.7cm的隨喜好種類的繩子　130/140/150cm

裁布圖

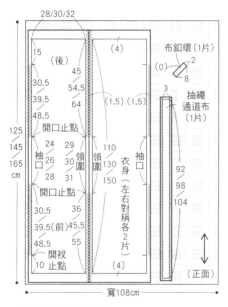

28/30/32

15
（後）
（4）

布釦環（1片）
（0）　2
　　　8

30.5
45
54.5
64
（1.5）（1.5）

39.5
48.5

125
145
165
cm

開口止點
抽繩通道布（1片）

袖口
24　29
26　30　領圍
28　31
領圍

3

110
130
150

衣身（左右對稱各2片）

袖口

92
98
104

開口止點
30.5　36
39.5（前）45.5
48.5　55

開衩止點
10

（4）

（正面）

寬108cm

※上起（左起）為S/M/L。
※除了（　）內指定的數字外，縫份皆為1cm。
※ ～～～ 以Z字形車縫處理縫份。
※直接於布上畫線裁剪。

製作順序

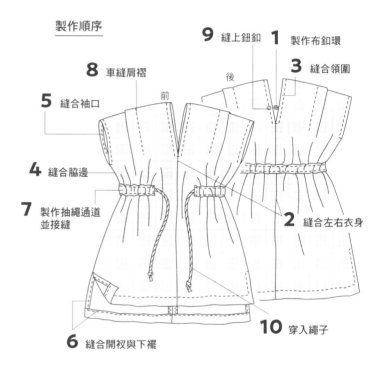

9 縫上鈕釦　1 製作布釦環
8 車縫肩褶　3 縫合領圍
5 縫合袖口
前　後
4 縫合脇邊
7 製作抽繩通道並接縫
2 縫合左右衣身
10 穿入繩子
6 縫合開衩與下襬

【準備作業】

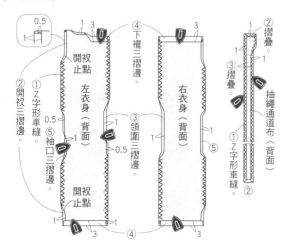

0.5
1
1　3
④
3
1
②
摺疊

1　3
②
摺疊

②
①
開衩止點
開衩三摺邊
Z字形車縫
左衣身（背面）

④ 下襬三摺邊

右衣身（背面）

①
Z字形車縫

抽繩通道布（背面）

0.5
⑤袖口三摺邊
1
1
③領圍三摺邊
0.5
1
⑤

②

開衩止點

開衩止點

1　1
3　④　3

1 製作布釦環

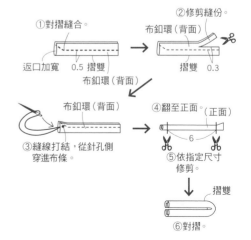

①對摺縫合。
返口加寬　0.5 摺疊
布釦環（背面）

②修剪縫份
布釦環（背面）
摺雙 0.3

③縫線打結，從針孔側穿進布條。
布釦環（背面）

④翻至正面。（正面）
6
⑤依指定尺寸修剪。

摺雙
⑥對摺。

2 縫合左右衣身

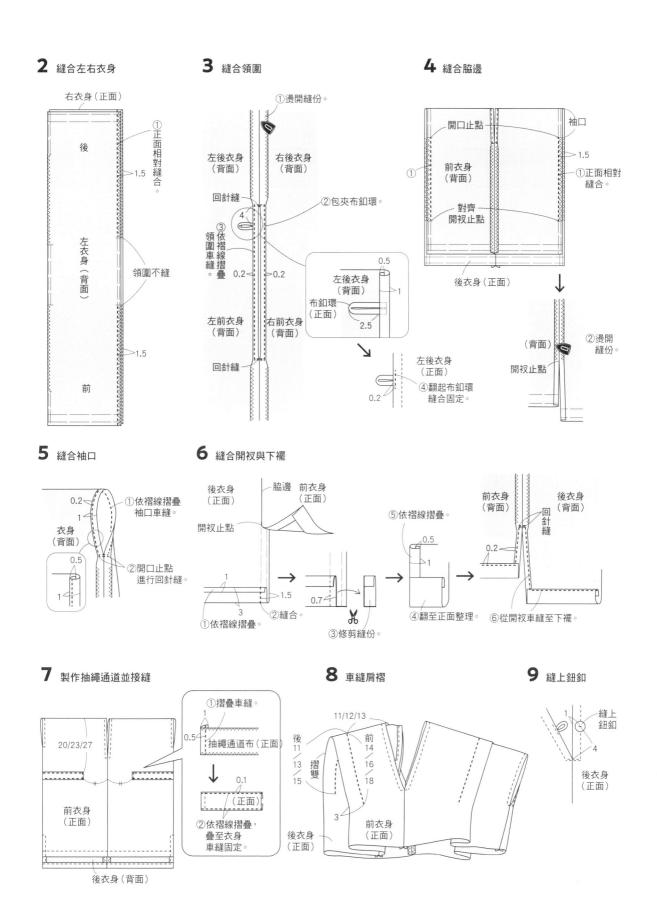

右衣身（正面）

後

左衣身（背面）

前

①正面相對縫合。

1.5

領圍不縫

1.5

3 縫合領圍

①燙開縫份。

左後衣身（背面）　右後衣身（背面）

回針縫

4

③依褶線領圍車縫摺疊。

0.2　0.2

左前衣身（背面）　右前衣身（背面）

回針縫

②包夾布釦環。

0.5

左後衣身（背面）

1

布釦環（正面）

2.5

左後衣身（正面）

④翻起布釦環縫合固定。

0.2

4 縫合脇邊

開口止點　袖口

前衣身（背面）

①

對齊開衩止點

後衣身（正面）

1.5

①正面相對縫合。

（背面）

開衩止點

②燙開縫份

5 縫合袖口

0.2

1

衣身（背面）

①依褶線摺疊袖口車縫。

②開口止點進行回針縫。

0.5

1

6 縫合開衩與下襬

後衣身（正面）　脇邊　前衣身（正面）

開衩止點

1

3

①依褶線摺疊

1.5

②縫合。

0.7

③修剪縫份。

⑤依褶線摺疊。

0.5

1

④翻至正面整理。

前衣身（背面）　後衣身（背面）

回針縫

0.2

⑥從開衩車縫至下襬。

7 製作抽繩通道並接縫

20/23/27

前衣身（正面）

後衣身（背面）

①摺疊車縫。

1

0.5

抽繩通道布（正面）

0.1

（正面）

②依褶線摺疊，疊至衣身車縫固定。

8 車縫肩褶

11/12/13

後 11　前 14

13　16

15　18

摺雙

3

後衣身（正面）

前衣身（正面）

9 縫上鈕釦

1

縫上鈕釦

4

後衣身（正面）

腰部細褶連身裙 Photo P.28

完成尺寸（S/M/L）
胸圍　88/96/104cm
總長　56/62/68cm

原寸紙型D面【12】
1-衣身、2-口袋

材料（S/M/L）
· 亞麻3線條紋布（灰色）　寬120cm×210/230/260cm
· 寬1cm止伸襯布條　40cm
· 直徑1.2cm鈕釦　1顆

裁布圖

領圍斜布條（1片）
3.6×45

摺雙（0）
衣身
（1片）
（0）
（0）
布釦環
（1片）
2　7　（0）
（正面）
（3）

後開口斜布條（1片）
3.6×30

（1.5）口袋（2片）
（1.5）口袋（2片）
摺雙

210
230
260
cm

42.5／47.5／52
36
40
44
前裙片
（1片）
（4）

後裙片
（1片）
※尺寸與前裙片相同。
（4）

寬120cm

※上起（左起）為S/M/L。
※除了（　）內指定的數字外，縫份皆為1cm。
※▨▨▨需於背面燙貼止伸襯布條。
※前裙片、後裙片、斜布條與布釦環
　直接於布上畫線裁剪。
※使用寬110cm布時布長不變。

製作順序

1 製作布釦環　參見P.47 **1**
2 縫製後開口　※參見P.47 **2**
12 縫上鈕釦　※參見P.47 **10**
後
4 縫合領圍　※參見P.47 **5**
3 縫合肩部　※參見P.47 **4**
前
7 車縫腰部褶
6 縫合袖口　※參見P.47的 **8**
5 從袖下縫合至脇邊　※參見P.47 **7**
11 接縫衣身與裙片
8 製作口袋並縫至前裙片
9 縫合裙片脇邊
10 縫合下襬

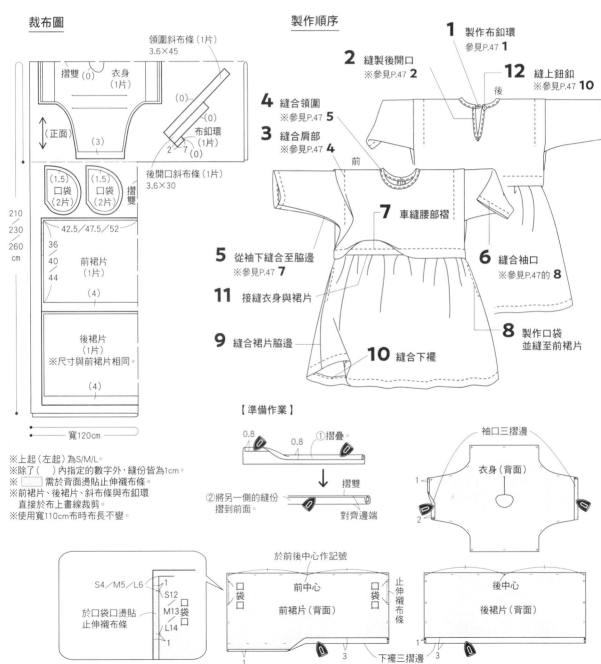

【準備作業】

0.8
0.8
①摺疊。
②將另一側的縫份摺到前面。
摺雙
對齊邊端

袖口三摺邊
衣身（背面）
1
2
1

S4／M5／L6
1
S12
M13 袋口
L14
1
於口袋口燙貼止伸襯布條

於前後中心作記號
口袋口
前中心
前裙片（背面）
口袋口
止伸襯布條
1
3
下襬三摺邊

後中心
後裙片（背面）
1
3

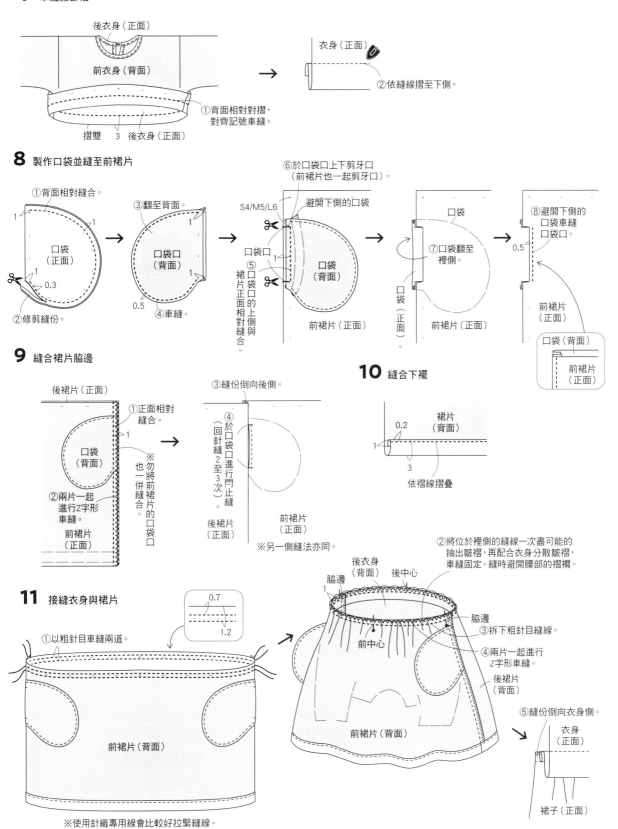

7 車縫腰部褶

後衣身（正面）

前衣身（背面）

①背面相對對摺，
對齊記號車縫。

摺雙　3　後衣身（正面）

衣身（正面）

②依縫線摺至下側。

8 製作口袋並縫至前裙片

①背面相對縫合。

口袋（正面）

1

1

②修剪縫份。

0.3

③翻至背面。

口袋口（背面）

1

1

0.5

④車縫。

⑥於口袋口上下剪牙口
（前裙片也一起剪牙口）。

避開下側的口袋

S4/M5/L6

口袋口

1

⑤口袋口的上側與裙片正面相對縫合。

口袋（背面）

前裙片（正面）

⑦口袋翻至裡側。

口袋（正面）

口袋

前裙片（正面）

⑧避開下側的口袋車縫口袋口。

0.5

前裙片（正面）

口袋（背面）

前裙片（正面）

9 縫合裙片脇邊

後裙片（正面）

①正面相對縫合。

1

口袋（背面）

②兩片一起進行Z字形車縫。

前裙片（正面）

※勿將前裙片的口袋口也一併縫合。

③縫份倒向後側。

④於口袋口進行門止縫（回針縫2至3次）。

後裙片（正面）

前裙片（正面）

※另一側縫法亦同。

10 縫合下襬

裙片（背面）

0.2

1

3

依褶線摺疊

11 接縫衣身與裙片

①以粗針目車縫兩道。

0.7

1.2

前裙片（背面）

※使用針織專用線會比較好拉緊縫線。

②將位於裡側的縫線一次盡可能的抽出皺褶，再配合衣身分散皺褶，車縫固定。縫時避開腰部的褶襉。

後衣身（背面）

後中心

脇邊

1

脇邊

前中心

③拆下粗針目縫線。

④兩片一起進行Z字形車縫。

後裙片（背面）

前裙片（背面）

⑤縫份倒向衣身側。

衣身（正面）

裙子（正面）

完成尺寸（S/M/L）

衣長　46/51/56cm

材料（S/M/L）

・棉尼龍人字紋（山棕色）　寬145cm×170/180/190cm
・直徑9mm塑膠四合釦　11顆

原寸紙型A面【3】

1-前衣身、2-後衣身、
3-連身帽、4-口袋、
5-口袋蓋

裁布圖

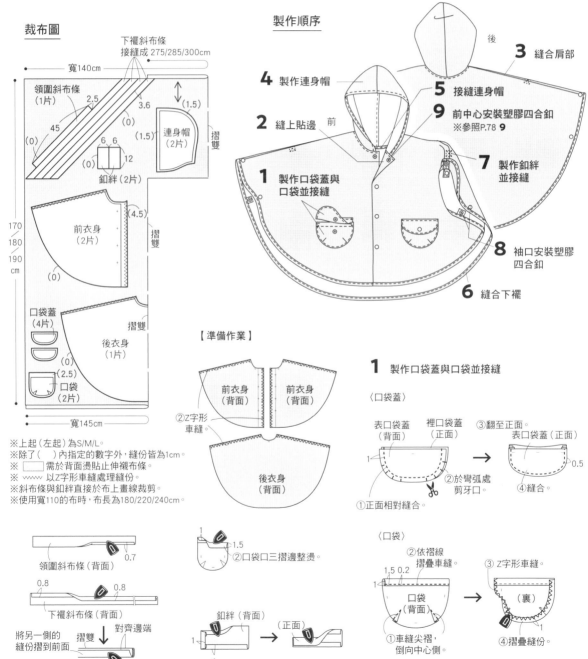

寬140cm

下襬斜布條
接縫成 275/285/300cm

領圍斜布條
（1片）

2.5　3.6　(1.5)

(0)　(1.5)

45

(0)

6　6　12

釦絆（2片）

(0)

連身帽
（2片）

摺雙

(4.5)

前衣身
（2片）

摺雙

(0)

170
180
190
cm

口袋蓋
（4片）

摺雙

(0)

(2.5)

口袋
（2片）

後衣身
（1片）

寬145cm

※上起（左起）為S/M/L。
※除了（　）內指定的數字外，縫份皆為1cm。
※　□　需於背面燙貼止伸襯布條。
※ wwww 以Z字形車縫處理縫份。
※斜布條與釦絆直接於布上畫線裁剪。
※使用寬110的布時，布長為180/220/240cm。

製作順序

4 製作連身帽

3 縫合肩部

後

2 縫上貼邊　前

5 接縫連身帽

9 前中心安裝塑膠四合釦
　　※參照P.78 **9**

1 製作口袋蓋與
　　口袋並接縫

7 製作釦絆
　　並接縫

8 袖口安裝塑膠
　　四合釦

6 縫合下襬

【準備作業】

前衣身（背面）　前衣身（背面）

②Z字形車縫

後衣身（背面）

領圍斜布條（背面）　0.7

0.8　0.8

下襬斜布條（背面）

將另一側的
縫份摺到前面　摺雙　對齊邊端

釦絆（背面）　（正面）

1　1

1

②口袋口三摺邊整燙。

1.5

1 製作口袋蓋與口袋並接縫

〈口袋蓋〉

表口袋蓋（背面）　裡口袋蓋（正面）　③翻至正面。

表口袋蓋（正面）

1

①正面相對縫合。

②於彎弧處剪牙口。

④縫合。

0.5

〈口袋〉

②依褶線摺疊車縫。

1.5　0.2

口袋（背面）

③Z字形車縫。

（裏）

①車縫尖褶，倒向中心側。

④摺疊縫份。

1

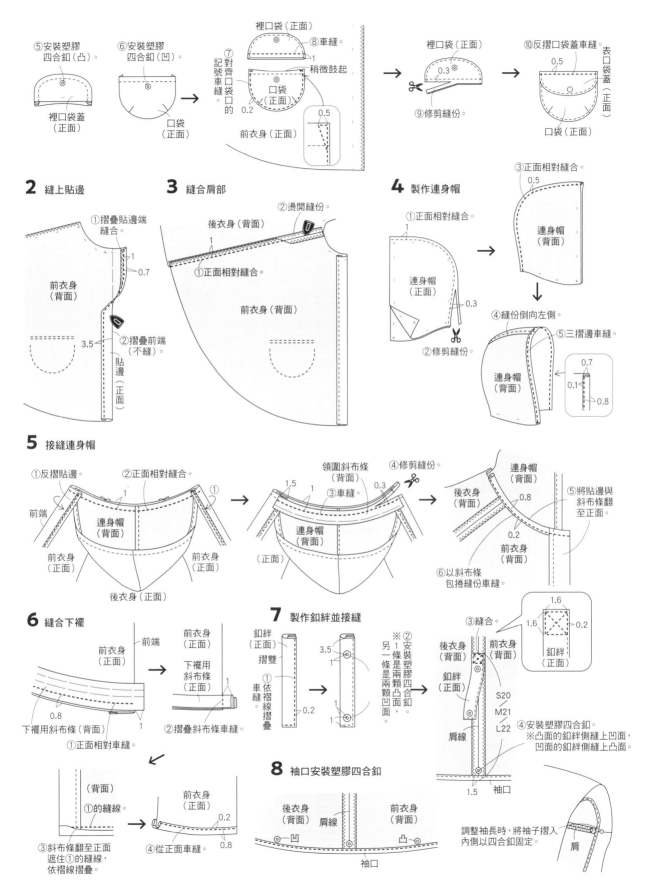

⑤安裝塑膠四合釦（凸）。

裡口袋蓋（正面）

⑥安裝塑膠四合釦（凹）。

口袋（正面）

⑦對齊口袋口的記號車縫。

裡口袋（正面）

⑧車縫。

稍微鼓起

口袋（正面）

0.2

前衣身（正面）

0.5

裡口袋（正面）

0.3

⑨修剪縫份。

⑩反摺口袋蓋車縫

0.5

表口袋蓋（正面）

口袋（正面）

2 縫上貼邊

①摺疊貼邊端縫合。

前衣身（背面）

0.7

1

3.5

②摺疊前端（不縫）。

貼邊（正面）

3 縫合肩部

後衣身（背面）

②燙開縫份。

1

①正面相對縫合。

前衣身（背面）

4 製作連身帽

①正面相對縫合。

1

連身帽（正面）

0.3

②修剪縫份。

③正面相對縫合。

0.5

連身帽（背面）

④縫份倒向左側。

⑤三摺邊車縫。

連身帽（背面）

0.7
0.1
0.8

5 接縫連身帽

①反摺貼邊。

②正面相對縫合。

①

前端

連身帽（背面）

前衣身（正面）

前衣身（正面）

後衣身（正面）

領圍斜布條（背面）

④修剪縫份。

③車縫。

1.5   1

0.3

連身帽（背面）

（正面）

後衣身（背面）

0.8

連身帽（背面）

⑤將貼邊與斜布條翻至正面。

0.2

前衣身（背面）

⑥以斜布條包捲縫份車縫。

6 縫合下襬

前衣身（正面）

前端

前衣身（正面）

下襬用斜布條（正面）

1

0.8

下襬用斜布條（背面）

1

①正面相對車縫。

②摺疊斜布條車縫。

（背面）

①的縫線。

前衣身（正面）

0.2

0.8

③斜布條翻至正面遮住①的縫線，依摺線摺疊。

④從正面車縫。

7 製作釦絆並接縫

釦絆（正面）

摺雙

①依褶線摺疊車縫

3.5

0.2

1
1

※②１安裝塑膠四合釦，另一條是兩顆凸，另一條是兩顆凹凹。

③縫合。

1.6
1.6   0.2

釦絆（正面）

後衣身（背面）

前衣身（背面）

釦絆（正面）

肩線

S20
M21
L22

④安裝塑膠四合釦。

※凸面的釦絆側縫上凹面，凹面的釦絆側縫上凸面。

1.5   袖口

8 袖口安裝塑膠四合釦

後衣身（背面）

肩線

前衣身（背面）

凹

凸

袖口

調整袖長時，將袖子摺入內側以四合釦固定。

肩

運動衫&運動褲  Photo P.**34**

運動衫·完成尺寸（S/M/L）
胸圍　約64.5/72.5/80.5cm
衣長　39/43/48cm

運動褲·完成尺寸（90～150）
褲長　66/70/75/80/85/90/95cm

材料
· 背面毛圈針織布（灰色）　寬140cm×85/95/105cm
· 羅紋針織布（灰色）　寬100cm×80cm
· 圓點針織布　寬140cm×55/55/60/65/70/75/80cm
· 法蘭絨（焦糖色）　寬110cm×30cm
· 黏著襯　5×25cm
· 厚紙　30×20cm

運動衫
原寸紙型D面【13】
1-前衣身、2-後衣身、3-袖子
4-肘部補丁、5-領口三角布片

運動褲
原寸紙型D面【14】
1-前後褲片、2-口袋

※此紙型為針織布專用。

裁布圖

背面毛圈針織布

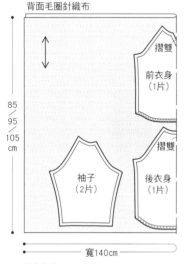

摺雙
前衣身
（1片）

85/95/105cm

袖子
（2片）

摺雙
後衣身
（1片）

寬140cm

※上起為S/M/L。
※縫份皆為1cm。
※ ∿∿∿ 以Z字形車縫處理縫份。

製作順序

1 製作肘部補丁並接縫　　後

4 接縫領圍羅紋

3 縫合衣身
與袖子
※參照P.49 **1**

2 接縫領口三角布片　前

7 接縫領圍羅紋

5 從袖下縫合至脇邊

6 縫合下襬

羅紋針織布

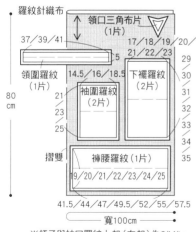

領口三角布片
（1片）

37/39/41

17/18/19/20/
21/22/23

領圍羅紋
（1片）

14.5/16/18.5

袖圍羅紋
（2片）

下襬羅紋
（2片）

21
23
25

29/30/31/32/33/34/35

80cm

摺雙　褲腰羅紋（1片）

19/20/21/22/23/24/25

41.5/44/47/49.5/52/55/57.5

寬100cm

※領子與袖口羅紋上起（左起）為S/M/L。
※褲腰與下襬羅紋上起（左起）為90至150cm。
※縫份皆為1cm。
※羅紋直接於布上畫線裁剪。

圓點針織布

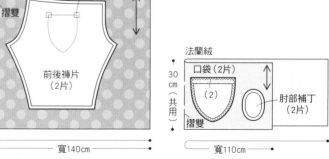

1.5　於縫上口袋的位置
1.5　燙貼黏著襯

摺雙

55/55/60/65/70/75/80cm
（共用）

前後褲片
（2片）

寬140cm

※上起為90至150cm。
※縫份皆為1cm。
※ ▨ 需於背面處燙貼黏著襯。

法蘭絨

30cm（共用）

口袋（2片）
（2）
摺雙

肘部補丁
（2片）

寬110cm

※縫份皆為1cm。
※除了（ ）內指定的數字外，縫份皆為1cm。
※ ▨ 需於背面處燙貼黏著襯。
※ ∿∿∿ 以Z字形車縫處理縫份。

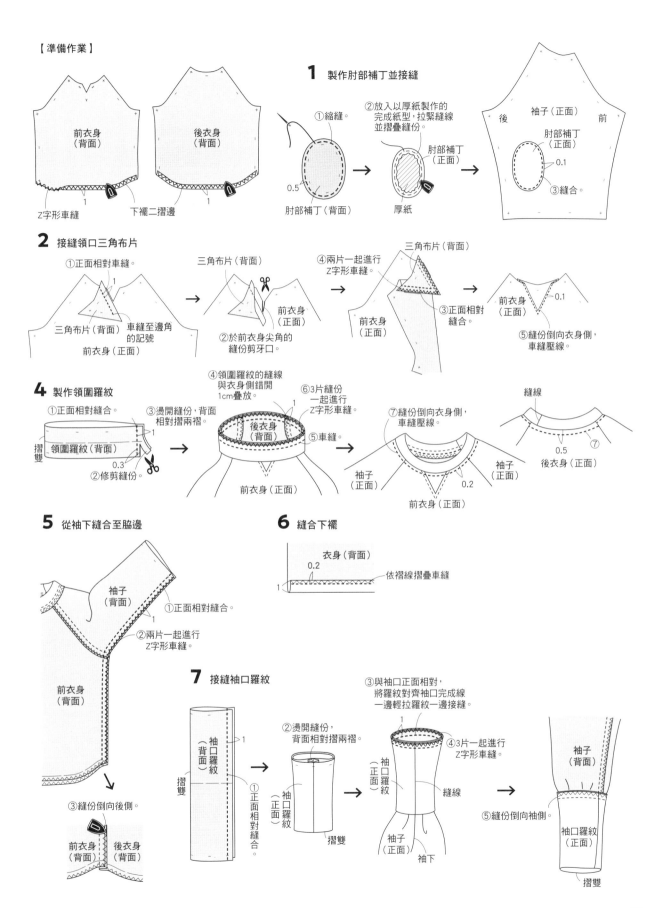

【準備作業】

前衣身（背面）
後衣身（背面）

Z字形車縫
下襬二摺邊
1

1 製作肘部補丁並接縫

①縮縫。

②放入以厚紙製作的完成紙型，拉緊縫線並摺疊縫份。

肘部補丁（正面）

肘部補丁（背面）
0.5
厚紙

後　袖子（正面）　前

肘部補丁（正面）
0.1
③縫合。

2 接縫領口三角布片

①正面相對車縫。

三角布片（背面）
三角布片（背面）
車縫至邊角的記號
前衣身（正面）

三角布片（背面）
前衣身（正面）
②於前衣身尖角的縫份剪牙口。

④兩片一起進行Z字形車縫。

三角布片（背面）
前衣身（正面）
③正面相對縫合。

前衣身（正面）
0.1
⑤縫份倒向衣身側，車縫壓線。

4 製作領圍羅紋

①正面相對縫合。

摺雙
領圍羅紋（背面）
1
0.3
②修剪縫份。

③燙開縫份，背面相對摺兩褶。

④領圍羅紋的縫線與衣身側錯開1cm疊放。

後衣身（背面）
前衣身（正面）

⑥3片縫份一起進行Z字形車縫。
⑤車縫。

⑦縫份倒向衣身側，車縫壓線。

袖子（正面）
袖子（正面）
前衣身（正面）
0.2

縫線
後衣身（正面）
0.5
⑦

5 從袖下縫合至脇邊

袖子（背面）
1
①正面相對縫合。

前衣身（背面）

②兩片一起進行Z字形車縫。

③縫份倒向後側。

前衣身（背面）
後衣身（背面）

6 縫合下襬

衣身（背面）
0.2
1
依褶線摺疊車縫

7 接縫袖口羅紋

袖口羅紋（背面）
1
摺雙
①正面相對縫合。

②燙開縫份，背面相對摺兩褶。

袖口羅紋（正面）
摺雙

③與袖口正面相對，將羅紋對齊袖口完成線一邊輕拉羅紋一邊接縫。
1
袖口羅紋（正面）
④3片一起進行Z字形車縫。
縫線
袖子（正面）
袖下

袖子（背面）
⑤縫份倒向袖側。
袖口羅紋（正面）
摺雙

製作順序

5 接縫褲腰羅紋

前　　後

1 製作口袋並縫上

2 縫合股上

3 縫合股下

4 接縫下襬羅紋
※參見P.71 **7**

【準備作業】
①燙貼縫份。
③口袋口
二摺邊。
2
②Z字形
車縫。
口袋
（背面）
於縫上口袋位置
燙貼黏著襯
前後褲片
（背面）

1 製作口袋並接縫
①依褶線摺疊車縫。
1.5
2
口袋
（背面）
②縮縫彎弧處。
③放入以厚紙製作的
完成紙型，拉緊縫線
並摺疊縫份。
厚紙

稍微鼓起
0.5
口袋
（正面）
褲子
（正面）
前後褲片
（正面）
0.2
④對齊口袋口記號車縫。

2 縫合股上
①正面相對
縫合。
前後褲片（正面）
1
①
②
②兩片一起進行Z字形車縫，縫份倒向左側。
前後褲子（背面）

3 縫合股下
前後褲片
（背面）
③縫份倒向後側。
①正面相對縫合。
②兩片一起進行Z字形車縫。
1

5 接縫褲腰羅紋
①正面相對縫合。
褲腰羅紋
（背面）
1
摺雙
②燙開縫份，
背面相對摺疊。
③加上四等分
記號。
褲腰羅紋
（正面）
摺雙
④褲片的前後中心與脇邊的記號
對齊羅紋的記號車縫。
1
⑤3片一起進行
Z字形車縫。
縫線
羅紋的縫線對齊後
褲片的股上
褲腰羅紋
（正面）
後褲子
（正面）
股上
褲腰羅紋（正面）
後褲片
（正面）
※若覺得褲腰羅紋鬆鬆的，
可參照P.61製作鬆緊帶口
並穿入鬆緊帶。

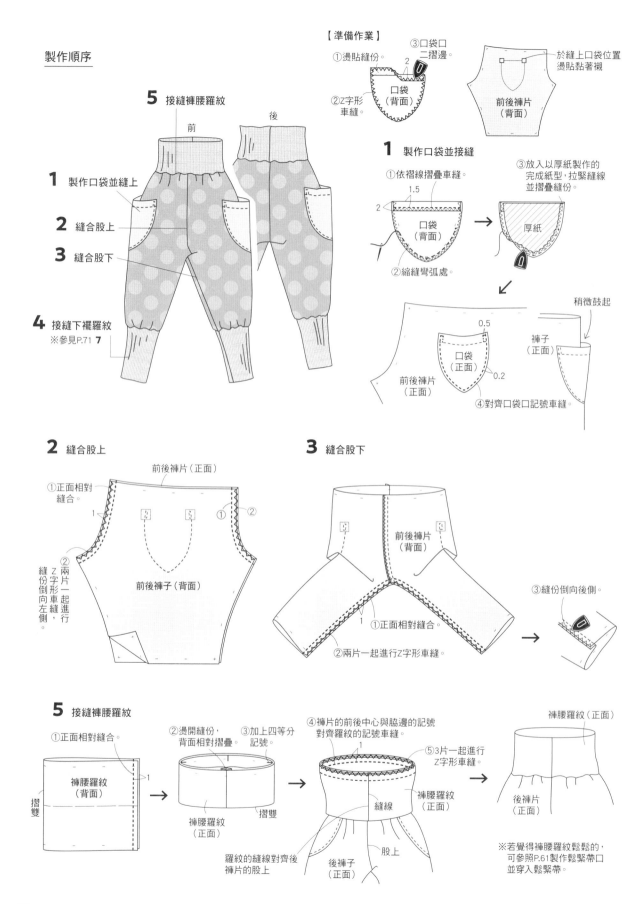

甚平風套裝

完成尺寸（S/M/L）
胸圍　88/92/96cm
衣長　42.5/46.5/50.5cm
褲長　35/42/54cm

材料（S/M/L）
上衣
・大圓點凹凸緹花布（灰色）　寬130cm×120/130/140cm
・黏著襯　15×45cm
褲子
・大圓點凹凸緹花布（灰色）　寬130cm×50/60/70cm
・寬2.5cm鬆緊帶（長度依腰圍調整）

上衣
原寸紙型E面【17】
1-衣身、2-袖子、3-領片

褲子
原寸紙型E面【18】
1-前後褲片、2-口袋

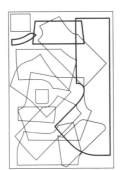
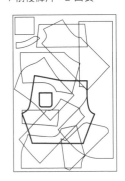

裁布圖

製作順序

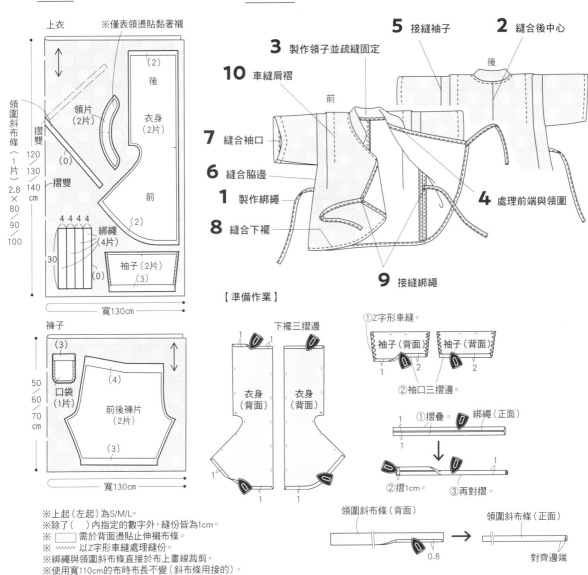

5 接縫袖子
2 縫合後中心
3 製作領子並疏縫固定
10 車縫肩褶
7 縫合袖口
6 縫合脇邊
1 製作綁繩
8 縫合下襬
9 接縫綁繩
4 處理前端與領圍

上衣
※僅表領邊貼黏著襯
後
衣身（2片）
領片（2片）
領圍斜布條（1片）
2.8×80/90/100cm
摺雙
摺雙
前
4 4 4 4
30
綁繩（4片）
袖子（2片）
(2) (0) (0) (3)
120/130/140cm
寬130cm

褲子
(3)
口袋（1片）
(4)
前後褲片（2片）
(3)
50/60/70cm
寬130cm

【準備作業】

下襬三摺邊
衣身（背面）　衣身（背面）
1 1

①Z字形車縫。
袖子（背面）　袖子（背面）
1 2　　1 2
②袖口三摺邊。

①摺疊。　綁繩（正面）
②摺1cm。　③再對摺。

領圍斜布條（背面）
0.8
領圍斜布條（正面）
對齊邊端

※上起（左起）為S/M/L。
※除了（ ）內指定的數字外，縫份皆為1cm。
※ ▨ 需於背面燙貼止伸襯布條。
※ 〰 以Z字形車縫處理縫份。
※綁繩與領圍斜布條直接於布上畫線裁剪。
※使用寬110cm的布時布長不變（斜布條用接的）。

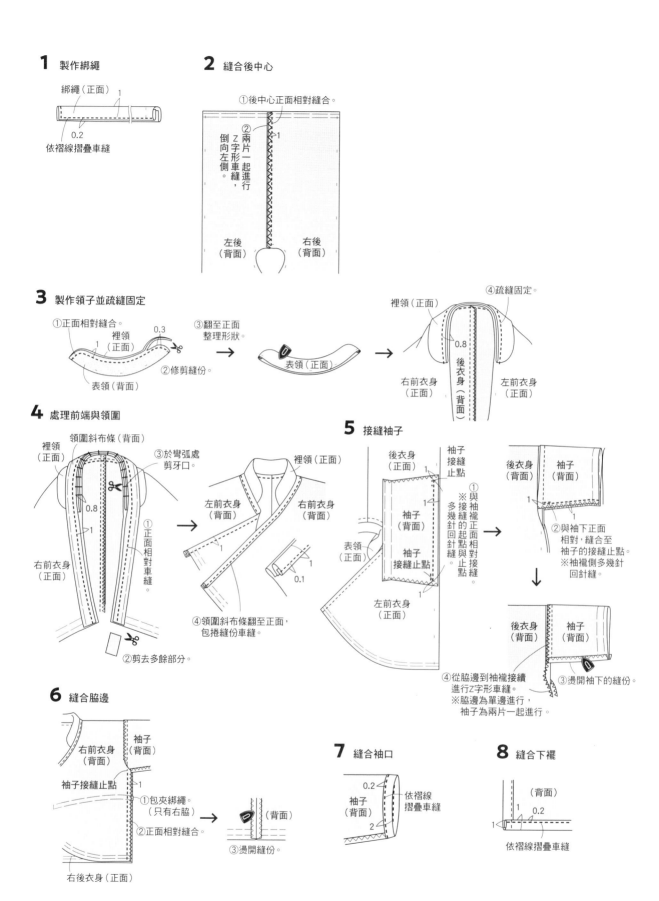

1 製作綁繩

綁繩（正面）
1
0.2
依褶線摺疊車縫

2 縫合後中心

①後中心正面相對縫合。
②兩片一起進行Z字形車縫，倒向左側。
1
左後（背面）
右後（背面）

3 製作領子並疏縫固定

①正面相對縫合。
裡領（正面）
0.3
1
③翻至正面整理形狀。
②修剪縫份。
表領（背面）
表領（正面）

④疏縫固定。
裡領（正面）
0.8
右前衣身（正面）
後衣身（背面）
左前衣身（正面）

4 處理前端與領圍

裡領（正面）
領圍斜布條（背面）
③於彎弧處剪牙口。
0.8
1
①正面相對車縫。
右前衣身（正面）
②剪去多餘部分。

裡領（正面）
左前衣身（背面）
右前衣身（背面）
1
0.1
④領圍斜布條翻至正面，包捲縫份車縫。

5 接縫袖子

後衣身（正面）
袖子接縫止點
①與袖襱正面相對接縫。多接縫的起點與止點。
袖子（背面）
袖子接縫止點
表領（正面）
左前衣身（正面）
1

後衣身（背面）
袖子（背面）
②與袖下正面相對，縫合至袖子的接縫止點。
※袖襱側多幾針回針縫。

後衣身（背面）
袖子（背面）
③燙開袖下的縫份。

④從脇邊到袖襱接續進行Z字形車縫。
※脇邊為單邊進行，袖子為兩片一起進行。

6 縫合脇邊

右前衣身（背面）
袖子（背面）
袖子接縫止點
1
①包夾綁繩。（只有右脇）
②正面相對縫合。
③燙開縫份。
（背面）
右後衣身（正面）

7 縫合袖口

0.2
袖子（背面）
依褶線摺疊車縫
2

8 縫合下襬

（背面）
1
0.2
1
依褶線摺疊車縫

9 接縫綁繩

＜左右的前衣身＞

①縫合
0.8
前（背面）
綁繩（正面）
下襬

②反摺車縫
（背面）
1

＜左脇＞

①縫合
左脇
0.8
左後衣身（背面）
左前衣身（背面）

②反摺縫合。
1

10 車縫肩褶

6 6 7
14
16
18
2.5

14
16
18
2.5

製作順序

2 縫合股下
4 縫合股上
前
後
5 縫合褲腰
6 穿入鬆緊帶
1 製作口袋並接縫
3 縫合下襬

【準備作業】

1
③口袋口三摺邊。
2
①燙貼黏著襯。
②Z字形車縫。
口袋（背面）

褲腰三摺邊
1
3
3
右褲片（背面）
左褲片（背面）
1
下襬三摺邊
2
2

---

1 製作口袋並接縫

①依褶線摺疊車縫口袋。
2 0.2
1
②縮縫彎弧處。
厚紙
③放入以厚紙製作的紙型，並完成摺疊縫份，拉緊縫線。

右後褲片（正面）
口袋（正面）
④縫合。
0.5
0.2

2 縫合股下

後褲片（正面）
①正面相對縫合。
②兩片一起進行Z字形車縫。
1
前褲片（背面）
③縫份倒向前側。

3 縫合下襬

（背面）
2 0.2
1
依褶線摺疊車縫

---

4 縫合股上

左後褲片（背面）
①正面相對縫合，預留鬆緊帶穿入口後車縫。
1
2.5
1
②兩片一起進行Z字形車縫，倒向後側。
※前中心的褲腰縫份除外。
③於右前褲片的縫份剪牙口。
右前褲片（背面）

④燙開縫份。
0.1
（背面）
⑤車縫鬆緊帶穿入口周圍。

5 縫合褲腰

依褶線摺疊車縫
1
3
0.2

6 穿入鬆緊帶

重疊1.5cm縫合固定
左前褲片（背面）
右前褲片（背面）

開襟襯衫 Photo P.8

完成尺寸（S/M/L）
胸圍　76/84/92cm
衣長　40/44/49cm

材料（S/M/L）
・棉麻條紋粗（藍色）　寬110cm×190/200/210cm
・黏著襯　15×60cm
・直徑9mm塑膠四合釦　4顆

原寸紙型E面【15】
1-前衣身、2-後衣身、3-袖子
4-口袋

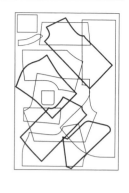

裁布圖

表袖
（2片）
（紙型
上下翻轉）

摺雙

袖口
裡袖

口袋
（2片）

（0）

3

（0）

（正面）

190
200
210
cm

後衣身
（1片）

摺雙

（3）

前衣身
（2片）

（3）

（3）

（3）

於口袋位置
燙貼黏著襯

1

1

貼邊斜布條（2片）
3.6×40/45/50

（0）

（0）

領圍斜布條
（1片）
2.5×35/37/39

（0）

（0）

口袋斜布條（2片）
3.6×50/55/60

寬110cm

※上起（左起）為S/M/L。
※除了（　）內指定的數字外，縫份皆為1cm。
※ □□ 需於背面燙貼止伸襯布條。
※斜布條直接於布上畫線裁剪。

製作順序

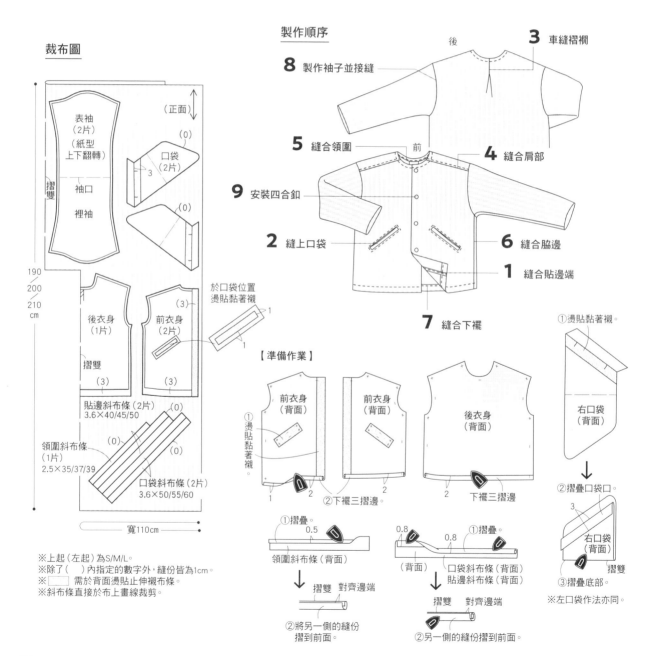

8 製作袖子並接縫　後　**3** 車縫褶襉

5 縫合領圍　前　**4** 縫合肩部

9 安裝四合釦

2 縫上口袋　**6** 縫合脇邊

1 縫合貼邊端

7 縫合下襬

【準備作業】

①燙貼黏著襯。

前衣身
（背面）

前衣身
（背面）

後衣身
（背面）

右口袋
（背面）

①燙貼黏著襯。

②下襬三摺邊。

下襬三摺邊

②摺疊口袋口。

3

右口袋
（背面）

摺雙

③摺疊底部。

※左口袋作法亦同。

①摺疊
0.5

領圍斜布條（背面）

摺雙　對齊邊端

②將另一側的縫份
摺到前面。

0.8

（背面）　0.8　①摺疊

口袋斜布條（背面）
貼邊斜布條（背面）

摺雙　對齊邊端

②另一側的縫份摺到前面。

76

1 縫合貼邊端

貼邊斜布條
（背面）

前衣身
（正面）

下襬

0.8

①正面相對縫合。

1

0.2
（正面）
0.8

②斜布條翻至正面，依褶線摺疊車縫。

2 縫上口袋

口袋口

口袋
（背面）

黏著襯

①於口袋口剪牙口。

脇邊

右前衣身
（背面）

②摺至裡側。

右前衣身
（背面）

右前衣身
（正面）

0.1

③展開底部褶線，對齊口袋口的記號車縫下側。

口袋
（背面）

⑤依底的褶線摺疊口袋，疏縫固定於兩脇邊。

0.5

口袋
（背面）

0.5

摺雙

右前衣身（背面）

避開前衣身

⑥口袋口從正面車縫壓縫。

0.1

口袋

右前衣身（正面）

兩端回針縫

⑦以斜布條處理。

0.2

口袋
（背面）

摺雙

口袋斜布條
（背面）

①車縫。

0.8

口袋
（背面）

1

摺雙

②摺疊。

③

摺雙

⑤依褶線摺疊，從正面車縫。

口袋
（背面）

0.2

④

摺雙

3 車縫褶襇

①正面相對摺疊車縫。

後衣身
（背面）

摺雙

摺疊褶襇疏縫固定

0.5

（背面）

4 縫合肩部

①正面相對縫合。

1

②兩片一起進行Z字形車縫。

前衣身
（背面）

後衣身
（正面）

後衣身
（正面）

0.2

前衣身
（正面）

③縫份倒向外側，從正面車縫壓縫。

5 縫合領圍

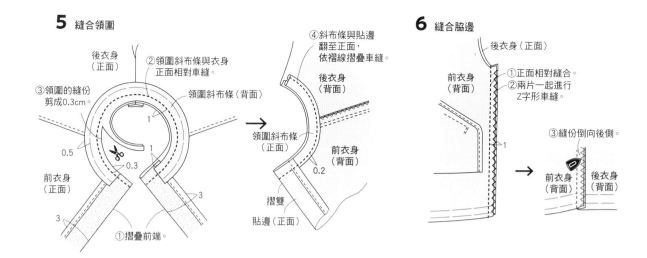

後衣身（正面）
②領圍斜布條與衣身正面相對車縫。
③領圍的縫份剪成0.3cm。
領圍斜布條
領圍斜布條（背面）
0.5
0.3
前衣身（正面）
3
3
①摺疊前端。
1

④斜布條與貼邊翻至正面，依褶線摺疊車縫。
後衣身（背面）
領圍斜布條（正面）
前衣身（背面）
0.2
摺雙
貼邊（正面）

6 縫合脇邊

後衣身（正面）
①正面相對縫合。
②兩片一起進行Z字形車縫。
前衣身（背面）
1
③縫份倒向後側。
前衣身（背面）
後衣身（背面）

7 縫合下襬

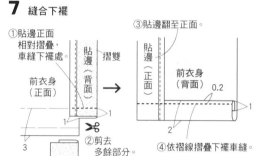

①貼邊正面相對摺疊，車縫下襬處。
貼邊（背面）
摺雙
前衣身（正面）
1
1
②剪去多餘部分。
3

③貼邊翻至正面。
貼邊（正面）
前衣身（背面）
0.2
2
1
④依褶線摺疊下襬車縫。

8 製作袖子並接縫

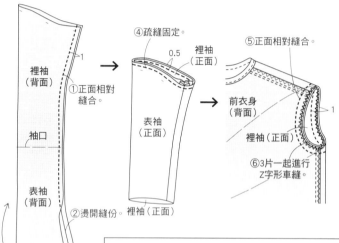

裡袖（背面）
1
①正面相對縫合。
袖口
表袖（正面）
表袖（背面）
②燙開縫份。
裡袖（正面）
③表袖翻至正面。

④疏縫固定。
0.5
裡袖（正面）
⑤正面相對縫合。
前衣身（背面）
1
裡袖（正面）
⑥3片一起進行Z字形車縫。

9 安裝四合釦

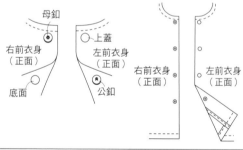

母釦
右前衣身（正面）
底面

上蓋
左前衣身（正面）
公釦

右前衣身（正面）
左前衣身（正面）

大人款
哈倫褲 Photo P.38

完成尺寸（S/M/L/LL）
褲長　92/93/95/96cm

材料（S/M/L/LL）
・C&S半亞麻丹寧　寬110cm×300cm
・寬1cm止伸襯布條　40cm
・寬2cm鬆緊帶　60cm
（依腰圍調整）

原寸紙型F面【20】
1-前褲片、
2-後褲片、
3-口袋

裁布圖

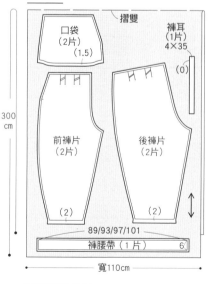

摺雙
口袋（2片）（1.5）
褲耳（1片）4×35（0）
300cm
前褲片（2片）
後褲片（2片）
(2)
(2)
89/93/97/101
褲腰帶（1片）　6
寬110cm

※左起為S/M/L/LL。
※除了（ ）內指定的數字外，縫份皆為1cm。
※褲耳與褲腰帶直接於布上畫線裁剪。

肩褶設計罩衫（無袖） Photo P.21、25

完成尺寸（S/M/L）
胸圍　92/100/108cm
衣長　40/43/46cm

材料（S/M/L）
· pres-de雪花凹凸緹花布（黑色）
　寬108cm×80/90/120cm
· 直徑1.2cm鈕釦　1顆

裁布圖

領圍斜布條
（1片）3.6×45

袖襱斜布條
（2片）3.6×35

後開口斜布條
（1片）
2×7

布釦環
（1片）

80
90
120
cm

(0) (0)

(0)

摺雙 (0) (0) 摺雙

3.6
×
30

前衣身
（1片）
(4)

後衣身
（1片）
(4)

寬108cm

製作順序

1至5、9 與P.46相同
※6、7參考底下說明，沒有8。

5　1　2　3
6
4
7
9

※上起為S/M/L。
※除了（ ）內指定的數字外，縫份皆為1cm。
※斜布條直接於布上畫線裁剪。
※L尺寸是將衣身呈直線配置。

【準備作業】

袖襱用斜布條

0.8
0.8 ①摺疊

②將另一側的縫份
摺到前面。

※領圍與後開口用
斜布條參照P.46

摺雙　對齊邊端

6 縫合袖襱

①避開肩褶。
④依褶線摺疊車縫。

後衣身（正面）

②正面相對
縫合。

0.8
0.2

後衣身
（正面）

袖襱用
斜布條
（背面）

斜布條
（正面）

③剪去
多餘部分。

前衣身
（正面）

前衣身
（正面）

連身裙參考以下尺寸拉長衣身。
S　　+5～20cm
M　　+20～30cm
L　　+30～40cm
大人　+40～50cm
※依拉長尺寸增加布長。

7 縫合脇邊

①正面相對縫合。

②兩片一起進行Z字形車縫，倒向後側。

1

前衣身
（背面）

↓

③車縫壓線。

前衣身
（正面）

後衣身
（正面）

大人款 無領外套 Photo P.39

完成尺寸（S/M/L/LL）
胸圍　　128/132/136/140cm
衣長　　88/90/92/94cm

材料（S/M/L/LL）
· C&S天然棉HOLIDAY（焦糖棕）　寬110cm×310cm
· 素面平織布　寬110cm×250cm
· 直徑2.5cm鈕釦　4顆
· 直徑1cm鈕釦　4顆
· 黏著襯　40×10cm

原寸紙型F面【21】
1-前衣身、2-前貼邊
3-後衣身、4-後貼邊
5-袖子、6-口袋

裁布圖

表布
天然棉
HOLIDAY

裡布
素面平織布

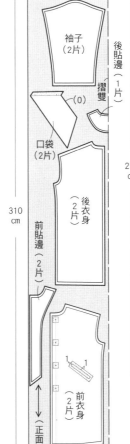

袖子
（2片）

後貼邊
（1片）

摺雙

(0)

摺雙

口袋
（2片）

後衣身
（2片）

250
cm

310
cm

前貼邊
（2片）

後衣身
（2片）

1　1

前衣身
（2片）

袖子
（2片）

摺雙

後衣身
（1片）

前衣身
（2片）

寬110cm

（正面）

寬110cm

※除了（ ）內指定的數字外，
縫份為1cm。
※ ▨ 需於背面燙貼黏著襯。

國家圖書館出版品預行編目(CIP)資料

舒適耐穿的設計款孩童服：運用鈕釦‧抽繩‧鬆緊帶‧褶子‧
袖口布來調整尺寸 / 美濃羽まゆみ著; 瞿中蓮譯.
-- 初版. – 新北市：雅書堂文化事業有限公司, 2022.10
　　面；　公分. -- (Sewing縫紉家; 45)
ISBN 978-986-302-642-6(平裝)

1.縫紉 2.衣飾 3.手工藝

426.3　　　　　　　　　　　　　　　111015200

<img_Sewing> 縫紉家 45

舒適耐穿的設計款孩童服
運用鈕釦‧抽繩‧鬆緊帶‧褶子‧袖口布來調整尺寸

作　　者／美濃羽まゆみ
譯　　者／瞿中蓮
發 行 人／詹慶和
執行編輯／劉蕙寧
編　　輯／蔡毓玲‧黃璟安‧陳姿伶
封面設計／韓欣恬
美術編輯／陳麗娜‧周盈汝
內頁排版／韓欣恬
出 版 者／雅書堂文化事業有限公司
發 行 者／雅書堂文化事業有限公司
郵撥帳號／18225950
戶　　名／雅書堂文化事業有限公司
地　　址／新北市板橋區板新路206號3樓
電　　話／(02)8952-4078
傳　　真／(02)8952-4084
網　　址／www.elegantbooks.com.tw
電子郵件／elegant.books@msa.hinet.net

2022年10月初版一刷　定價 480 元

FU-KO BASICS.NAGAKU TANOSHIMU、KODOMOFUKU（NV80628）
Copyright © Mayumi Minowa / NIHON VOGUE-SHA 2019
All rights reserved.
Photographer: Yukari Shirai, Tetsuya Yamamoto
Original Japanese edition published in Japan by NIHON VOGUE
Corp.
Traditional Chinese translation rights arranged with NIHON VOGUE
Corp. through Keio Cultural Enterprise Co., Ltd.
Traditional Chinese edition copyright © 2022 by Elegant Books
Cultural Enterprise Co., Ltd.

經銷／易可數位行銷股份有限公司
地址／新北市新店區寶橋路235巷6弄3號5樓
電話／(02)8911-0825　傳真／(02)8911-0801

FU-KO basics.
美濃羽まゆみ

手作生活研究家。因長女出生而開始製作童裝。自2008年起，
以「FU-KO basics.」為名於網路與活動展場中販售。創作主題
為「留下回憶的衣服」。描繪京都近百年歷史的町屋居家生活
部落格也十分受歡迎。為VOGUE學園講師。

Blog　FU-KOなまいにち　https://fukohm.exblog.jp/
Instagram https://www.instagram.com/minowa_mayumi/

装幀設計　渡部浩美
攝影　　　白井由香里　山本哲也（プロセス）
妝髮　　　山添滋子
作法解說　しかのるーむ
紙型製作　（有）セリオ
模特兒　　東 翔太朗、井上たくみ、右近愛加
　　　　　三枝來夏、三枝安紗、西口波音、馬川朔太郎、
　　　　　美濃羽慧、山下綾乃
編輯協力　笠原愛子、梶さおり、石山真記子、金田郁子、
　　　　　櫻井順子、瀬野亮子、野島和子、三倉修子、
　　　　　山田裕子、吉村詩織
編輯　　　浦崎朋子

布料協力　生地の森
　　　　　https://www.kijinomori.com/
　　　　　CHECK & STRIPE
　　　　　http://checkandstripe.com/
　　　　　布もよう
　　　　　https://nunomoyo.b-smile.jp/
　　　　　pres-de
　　　　　http://www.pres-de.com/
　　　　　fabric bird
　　　　　https://www.rakuten.ne.jp/gold/fabricbird/
　　　　　LINNET
　　　　　https://www.lin-net.com/
工具協力　クロバー株式会社
　　　　　大阪府大阪市東成区中道3-15-5
　　　　　TEL 06-6978-2277（お客樣係）